新冠疫情事件的
工期与费用索赔指南

吴佐民　潘　敏　编著
袁华之　陈勇强　主审

中国建筑工业出版社

图书在版编目（CIP）数据

新冠疫情事件的工期与费用索赔指南 / 吴佐民，潘敏编
著. —北京：中国建筑工业出版社，2020.4（2023.1重印）
ISBN 978-7-112-25005-9

Ⅰ.①新…　Ⅱ.①吴…②潘…　Ⅲ.①疫情管理－关系－
建筑工程－工程施工－索赔－指南　Ⅳ.①TU723.1-62

中国版本图书馆CIP数据核字（2020）第054209号

责任编辑：张礼庆　封　毅　沈元勤
责任校对：焦　乐

新冠疫情事件的工期与费用索赔指南
吴佐民　潘　敏　编著

＊

中国建筑工业出版社出版、发行（北京海淀三里河路9号）
各地新华书店、建筑书店经销
北京建筑工业印刷厂制版
北京建筑工业印刷厂印刷

＊

开本：787×1092毫米　1/16　印张：11¼　字数：172千字
2020年4月第一版　2023年1月第四次印刷
定价：**29.80**元
ISBN 978-7-112-25005-9
（35761）

本书编委会

主　任：吴佐民

副主任：潘　敏　杨　敏

编　委：吴绍康　谭尊友　李　玲
　　　　　董劲松　陈梦龙

序

2020 年初，一场突如其来的新型冠状病毒疫情，打破了大家以往合家团聚、祥和欢乐的春节气氛。在党和政府的坚强领导下，这场来势迅猛的疫情在我国很快得到了遏制，各行各业也有序地实现了复工复产。

2020 年 2 月 10 日，全国人大法律工作委员会明示新型冠状病毒疫情事件属于不可抗力。本次新冠疫情事件对建设工程工期和费用均会产生较大的影响，有的甚至会引发合同纠纷。关于新冠疫情事件对合同，特别是涉外合同履行的影响及适用法律问题已经在法律界引起了热烈的讨论。就国内的建设工程而言，如何促进尽快复工复产，合理调整建设工程工期和费用，各地住房和城乡建设主管部门均出台了很好的指导意见。吴佐民先生首先从各地文件出发，对各地文件中的工期和费用科目进行了详尽的分析比较；对新冠疫情事件引起的工期与费用索赔适用的法律问题提出了明确的见解；并就新冠疫情事件的工期和费用影响的主要情形、各种费用合理分担的机理进行了深入的分析；在此基础上又提出了新冠疫情事件工期和费用索赔的程序、证据、主要内容与详细的计算方法。吴佐民先生著作的内容虽然不多，但其就具体索赔内容既有教科书式的深入分析，也有极具操作性的计算方法，令我印象深刻。

吴佐民先生是我们天津大学的校友，我们相识也很久了，我非常赞赏吴佐民先生对专业刻苦钻研的精神及其勤奋严谨的工作态度，也多次拜读过他编写的标准与著作等，这本书又是一本非常值得期待和收藏的好书，故欣然做序，并推荐给大家。

张水波

2020 年 3 月 29 日于天津大学

前　言

　　2020年的春节假期有点长，也有点焦躁。返京后又无奈地在焦躁中居家隔离，上网下载各类软件，进行线上会议、听课、讲课、购物，感觉离数字技术越来越近。

　　自1月20日，国家卫生健康委公告，将新型冠状病毒感染的肺炎纳入乙类传染病，采取甲类传染病的预防、控制措施后，在党中央的统一领导下，一场从中央到街道的防疫行动在全国全面展开，经过两个多月的努力，国内的新冠肺炎疫情基本被迅速歼灭。与此同时，一场商业纷争却悄然而至。2月6日中海油就无法接受液化天然气货物向壳牌和道达尔公司发出了不可抗力的通知，但遭到了拒绝。2月10日全国人大法工委发言人臧铁伟主任以答记者问形式明示，新型冠状病毒感染的肺炎疫情事件属于不可抗力。据央视新闻报道，截至3月26日，中国贸促会已出具不可抗力事实性证明6454件，涉及合同金额约6321亿元。疫情期间，我们欣喜地看到政府、商会、企业迅速联动，尽职有为，这也标志着我国国家治理体制的现代化在迅速推进，并然取得了显著成效。

　　全国人大法工委明示新冠疫情属于不可抗力事件后，法律界专业人士关于新冠疫情事件对合同履约的影响率先引爆了自媒体和朋友圈。住房和城乡建设部及各地住房和城乡建设主管部门为了加强对新冠肺炎疫情的防控，有序推动企业开复工，化解工程造价纠纷发布了工期和费用调整的有关文件，体现了疫情当前的大局意识和勇于担当的专业职责。

　　尽管律师们的文章很多，但难以解决造价工程师们最关心的就新冠疫情事件不同阶段的工程索赔适用法律的依据，工期和费用索赔的情形、理由、主要内容，以及详细的计算方法等操作性问题，也鲜有造价师针对该事件的工期与费用索赔进行全面分析。作者本来是希望就此写一篇文章通过自媒体和同仁们共享，但为了写透，越写越多，越写越细，一口气写了二十多天。在朋友们的鼓励、帮助和合作下，一不留神成了一本书。感谢潘敏先生的鼓励！与我合作完成第6、7章的编写，并独立完成了工期与费用索赔计算系列表格的设计与编制！感谢杨敏先生、李玲女士整理了各地的相关文件！我更要特别感谢最高人民法院关丽女士、北京市建设工程造价管理处冯志祥先生，以及谭敬慧女士、张大平先生、邱闯先生在本书编写过程中给予的指导与帮助！感谢天津大学张水波教授给予的指导并为本书做序！感谢大成律师事务所袁华之律师、天津大学陈勇强教授参与本书的主审！

工程索赔是造价工程师业务之牛耳，我一直想写一本工程索赔的书，限于懒惰和案例缺乏，未能成就。疫情之下，应同仁们的急需，完成了这本小册子，其仅能作为不可抗力事件索赔的一个案例而已，且其适用范围仅为国内的建设工程施工合同，工程总承包等其他合同仅可作为参考。我也自然清醒地知道，二十多天完成的东西一定属粗糙之作，不当之处，敬请同仁们多提宝贵意见。我非常欢迎大家与我探讨和分享您们好的或比较纠结的案例，欢迎并感谢您们通过我的邮箱 jcdezw@163.com 反馈您们的宝贵意见！

吴佐民

2020年3月30日

目　录

引　言

　　2020 年 1 月 20 日，经国务院批准，国家卫生健康委员会以 2020 年第 1 号公告，将新型冠状病毒感染的肺炎纳入《中华人民共和国传染病防治法》规定的乙类传染病，并采取甲类传染病的预防、控制措施；纳入规定的检疫传染病管理。2020 年 1 月 23 日武汉市新型冠状病毒感染的肺炎疫情防控指挥部发布通告，自 2020 年 1 月 23 日 10 时起，全市城市公交、地铁、轮渡、长途客运暂停运营；无特殊原因，市民不要离开武汉，机场、火车站离汉通道暂时关闭。2020 年 1 月 26 日国务院办公厅以（国办发明电〔2020〕1 号）发布《关于延长 2020 年春节假期的通知》，明确延长 2020 年春节假期至 2020 年 2 月 2 日（国务院办公厅国办发明电〔2019〕16 号《关于 2020 年部分节假日安排的通知》春节假期为 1 月 24 日—1 月 30 日）。2020 年 2 月 10 日全国人大法律工作委员会发言人臧铁伟主任以答记者问形式明示，新型冠状病毒感染的肺炎疫情这一突发公共卫生事件，对于因此不能履行合同的当事人来说，属于不可预见、不可避免并不能克服的不可抗力。综合上述公（通）告、通知等，可以证实新型冠状病毒感染的肺炎疫情事件（本文简称"新冠疫情事件"）显然具有《民法总则》《合同法》关于不可抗力的定义，即不可预见、不能避免且不能克服的客观情况的特征，针对国内的建设工程合同而言，其构成不可抗力事件应当没有争议。

　　自全国人大法工委明示新冠疫情属于不可抗力事件后，法律界专业人士关于新冠疫情事件对合同执行的影响率先引爆了自媒体和朋友圈。但是，工程造价管理领域除政府工程造价管理机构发布了工期和费用调整文件外，鲜有造价工程师针对该事件进行全面分析。作者拟从造价工程师的视角，并结合各地建设行政主管部门出台的相关文件，就新冠疫情事件引起的工期与费用索赔谈谈见解。

1 各地工程造价管理相关文件概要

新冠疫情不可抗力事件发生后，2020年2月26日住房和城乡建设部办公厅发出了《关于加强新冠肺炎疫情防控，有序推动企业开复工工作的通知》，文件要求：认真落实党中央、国务院有关决策部署，加强房屋建筑和市政基础设施工程领域疫情防控，有序推动企业开复工。并进一步提出加强合同履约变更管理：疫情防控导致工期延误，属于合同约定的不可抗力情形。地方各级住房和城乡建设主管部门要引导企业加强合同工期管理，根据实际情况依法与建设单位协商合理顺延合同工期。停工期间增加的费用，由发承包双方按照有关规定协商分担。因疫情防控增加的防疫费用，可计入工程造价；因疫情造成的人工、建材价格上涨等成本，发承包双方要加强协商沟通，按照合同约定的调价方法调整合同价款。地方各级住房和城乡建设主管部门要及时做好跟踪测算和指导工作。

从2020年2月14日开始，各地建设行政主管部门、电力工程造价与定额管理总站相继发布了有关文件，截至2020年3月6日，已有26个省级建设主管部门和电力行业工程造价管理机构发布了针对新冠疫情事件影响进行工程造价和工期调整的指导意见。

作者针对各地出台的文件设计了一个表格，拟按照政府要求停工期间停工工程、疫情防控期间施工工程、政府要求停工期间紧急施工工程不同背景下的工期、人工费、材料费、施工机械费、措施费、管理费调整的有关规定与建议进行结构化的整理、汇总，以便于对比分析，从整理情况的看，各地的文件格式、内容上均有不少出入，甚至存在很大的差异性。但是，各地文件基本强调了尊重合同双方的合意，避免行政过度干预市场，应该讲这是一个很大的进步。另外，大多数就合同约定不明的情况下，新冠疫情事件对工期延误、防疫措施费的处理，人工费、材料费上涨的合理分担进行了原则性、指导性的规定。

1.1 关于合同工期调整

1.1.1 工期顺延形成共识

关于新冠疫情事件引起的停工、工期顺延已经形成共识，大多地方建设行政主管部门发布的文件表述也基本一致，即因新冠疫情事件造成工程延期复工的，发包人应将合同约定的工期顺延，并免除承包人因不可抗力导致工期延误的违约责任。另外，部分地方也基本明确了工程复工后，发包人要求赶工的，由承包人提出赶工措施方案，经发包人和监理人确认后实施，相应的赶工费用由发包人承担（该项实际上适用于任何情况下的赶工费用）。

1.1.2 关于顺延工期计算的起止时点

顺延工期计算的起止时点是一个有争议的问题，大多数省份明确从启动新冠疫情事件响应时间开始，到实际复工时间结束。如湖北省规定为：从2020年1月24日起（湖北省决定启动重大突发公共卫生事件一级响应）至解除之日止，疫情防控期间复工的项目，发承包双方应进行协商，合理顺延工期。再如北京市规定为：启动重大突发公共卫生事件一级响应之日至政府文件规定的开工时间之日，工程开复工时间受疫情防控影响的实际停工期间为工期顺延期间。

1.1.3 关于工程复工后导致施工降效的工期延长

工程复工后大多工程会因人员防护导致施工降效，致使工期进一步延长，对此大多省份未做规定。北京市规定为：导致施工降效的，发承包双方应当协商确定合理的顺延工期或顺延工期的原则。但是，不少省份提出了增加施工降效费的指导性意见。

1.2 关于费用调整

1.2.1 人工费

从各地方出台的文件看，关于人工费的调整主要分为以下五种基本情形。

（1）大多数省份明示了停工期间留在施工场地保卫人员的费用由发包人承担。

（2）大多数省份明示了因疫情防控导致人工价格重大变化的，发承包双方应按合同约定的调整方式、风险幅度和风险范围执行；合同中没有约定或约定不明确的，按照《建设工程工程量清单计价规范》GB 50500 规定的原则（该规范未明确具体幅度）和地方有关规定（各地大多有具体规定）进行调整。如浙江、广西参照以往规定进一步明确了"5% 以内的人工价格风险由承包方承担，超出部分由发包方承担"的原则，进行合理分担风险。

（3）江苏、江西还明确了疫情防控期间允许建筑施工企业复工前施工的应急建设项目，期间完成的工程量，结算人工工日单价时可参照国家法定节假日加班费规定计取。

（4）极少数省份提出了待工人员、隔离劳务人员的工资处理办法。如北京市提出受疫情防控影响期间发承包双方应当按照实际发生情况办理同期记录并签证，作为结算依据；河南省还明确了因疫情防控确需隔离的人员工资按工程所在地最低工资标准的 1.3 倍计取。

（5）极个别省份提出"疫情防控期间，如出现人工单价、材料价格大幅波动，合同约定不调整的，发承包双方可根据工程实际情况，重新协商确定人工价格调整办法"等。

1.2.2 材料费

针对材料（及设备）费的调整，各地方出台的文件基本趋同，主要有以下的表述形式。

（1）合同有明确约定的，因疫情防控导致材料（及设备）价格发生重大变化的，发承包双方应按合同约定的调整方式、风险幅度和风险范围执行。

（2）合同约定不明或未约定的，发承包双方应根据工程实际情况及市场因素，按情势变更原则，签订补充协议。如部分省份直接明确了合同中约定不明或未约定的，按"5%以内材料（及设备）价格风险由承包方承担，超出部分由发包人承担"的调整原则执行，这与《建设工程工程量清单计价规范》GB 50500 的调整原则和建议幅度也基本一致。

（3）合同明确约定不调整的，发承包双方可根据工程实际情况，按情势变更原则，重新协商确定材料（及设备）价格调整办法。

（4）极个别省份文件还提出了永久工程、已运至施工现场的材料、工程设备、周转性材料的损坏由发包人承担。

1.2.3 施工机械费

各地关于施工机械费的调整出入较大，多数省份的文件未涉及施工机械费调整问题。提出调整的内容主要有以下形式。

（1）关于施工机械价格波动。极个别省提出受疫情影响造成施工机械价格异常波动的，由发承包双方根据实际施工机械的市场价格确定相应的价差，发承包双方应当及时进行认价、办理同期记录并签证，作为结算价差的依据。

（2）关于施工机械降效调整。个别省份提出因疫情防控措施要求，导致机械设备施工降效增加的费用，由发承包双方根据实际情况协商确定。北京市还进一步明确协商不能达成一致的，受疫情防控措施影响的机械消耗量可按照北京市现行预算定额机械消耗量标准的 5% 调增，价格由发承包双方根据相关签证确定。

（3）关于停工损失。三个省份明确受疫情防控影响，工程延期复工或停工期间，承包人在施工场地的施工机械设备损坏及机械停滞台班等停工损失由承包人承担；一个省份提出停工期间必要的大型施工机械停滞台班费用由发承包双方协商合理分担。

1.2.4 措施费

疫情防控措施性费用的规定基本一致。一是所有省份均按照住房和城乡建设部的要求提出了因疫情防控增加的防疫费用，可计入工程造价。大多表述为：疫情防控期间，复工需增加的口罩、酒精、消毒水、手套、体温检测器、电动喷雾器等疫情防护物资费用和防护人员等费用，由承包人提出防护措施方案，承发包双方按实签证，进入工程结算，疫情防护费用应及时足额支付。少数省份还明确了按照每人每天 40 元的标准。二是极个别省份除考虑了上述费用外，还提到了对于复（开）工人员按疫情防控要求需要隔离观察的，在隔离期间发生的住宿费、伙食费、管理费等由发承包双方协商合理分担。

1.2.5　管理费

大多数省份提出了工程延期复工期间按发包人要求留在施工场地的必要管理人员和保卫人员的费用由发包人承担，经发包人确认后作为工程价款结算的依据。

1.2.6　其他费用及规定

一是极个别省份提出因疫情防控，工程延期复工期间已运至施工场地用于施工的材料和待安装的设备的损失（损坏），应由发包人承担。二是个别省份针对抗疫工程或应急抢建工程的建筑安装工程费可采用成本加酬金的方式。如采用现行定额规定计价的，则需增列赶工措施费、施工降效费以及各类防疫费用等。三是大多数省份提出了要求各地市加强人材机价格调研、监控，及时发布价格信息，做好工程造价纠纷调解等要求。

上述内容，仅是作者对各地出台文件的概略性归类分析，还很不全面。各地造价处（站）作为工程造价管理机构，在疫情防控期间，能够这么快地以住房和城乡建设行政主管部门的文件形式出台这些可操作的文件实属不易，且还有很多亮点需要通过学习原文件（见附录 1）进行深入理解。

2 各地文件的必要性和主要作用

2.1 各地文件出台的必要性

依据国务院的"三定方案"，拟订建设项目工程造价的管理制度，指导监督工程造价计价，组织发布工程造价信息是住房和城乡建设部实施工程造价管理的重要职责。因此，新冠疫情事件发生后，为了维护建设市场秩序，保证发承包双方的合法权益，尽快恢复生产，并切实保障质量安全，住房和城乡建设部以及各地建设行政主管部门快速出台的工期和费用调整（索赔）的有关文件，既彰显了疫情当前勇于担当的大局意识，也体现了政务管理和为企业提供公共服务的职责与水平。

2003 年，建设部发布《建设工程工程量清单计价规范》GB 50500—2003，在宣贯时提出了"法律规范秩序，公开交易规则，竞争形成价格，监管有据可依"的工程造价市场化改革方向，并在工程计价方面全面实施了工程量清单计价。但是，我国基本建设中国有资金投资（包括政府财政投资、国家融资资金投资、国有控股企业投资）一直占有相当大的比重，各级财政部门、投资主管部门、监督审计部门对建设行政主管部门颁布的工程计价管理制度、工程计价依据（工程造价管理标准、工程计价定额、工程计价信息）均形成了强大的依赖性，也可以说，本质上我国工程造价的市场化管理体系，以及高质量的工程计价服务能力还没有完善，政府有关部门和国有企业对建设行政主管部门发布、指导工程计价的微观事务依然有着强大的需求，住房和城乡建设行政主管部门发布的相关文件对国有资金投资项目的工程价格形成和影响还有着很大的权威性和指导作用。

我国《价格法》第三条规定，国家实行并完善宏观经济调控下主要由市场形成价格的机制。价格的制定应当符合价值规律，大多数商品和服务价格实行市场调节价，极少数商品和服务价格实行政府指导价或者政府定价。市场调节价，是指由经营者自主制定，通过市场竞争形成的价格。《建筑工程施工发包与承包计价管理办法》（2013 年，住房和城乡建设部令第 16 号）第三条规定，建筑工程施工发包与承包价在政府宏观调控下，由市场竞争形成。从《价格法》和我国工程造价管理制度上看，建设工程施工属于服务类，工程价格的属性是市场调节价，但是，工程价格不同于一般商品和服务价格，一是体量大，价格高；二是建设持续时间长；三是工程计价复杂，既要考虑人材机要素消耗量，也要考虑要素价格，以及措施费、管理费和风险等；四是工程价格的形成会受金融与财税政策、情势变更、不可抗力等多种外部因素影响，因此，工程价格大多难以采用固定总价合同，即使采用了总价合同，也要考虑工程变更和索赔等调整因素，特别是要对影响最大的人材机要素价格仍要进行价格属性分析，并进行区别对待，如水电气价格大多仍然属于政府定价（部分地区也有政府指导价），再如人工费涉及建筑工人的基本权益与社会和谐稳定，是否需要政府进行必要的价格管理与指导，这些都是需要深入研究的问题。特别是《建筑工程施工发包与承包计价管理办法》《建设工程工程量清单计价规范》对国有资金投资管理均比较严格，要求国有资金投资应实行工程量清单计价，招标时招标人（发包人）应编制招标工程量清单，并编制招标控制价，而招标控制价格的编制要依据"国家或省级、行业建设主管部门颁发的计价定额和计价办法；工程造价管理机构发布的工程造价信息等"。综上所述，对工程价格而言，既要尊重工程价格属于市场调节价（或市场调节价为主）的基本属性。但就目前的实际情况而言，也需要政府的有效指导或提供公共服务。

另外，《价格法》第十二条还规定经营者进行价格活动，应当遵守法律、法规，执行依法制定的政府指导价、政府定价和法定的价格干预措施、紧急措施。就新冠疫情事件而言，是否构成本条的"价格干预措施、紧急措施"有待司法界朋友们的进一步解释与研究，但是，就本次涉及全国的新冠疫情事件而言，政府在人工费的调整、疫情防护措施费计价方面的指导，有些甚至是强制的，这些均是十分必要的。

2.2 各地文件的定位及主要作用

新冠疫情事件发生后，住房和城乡建设部、各地建设行政主管部门均主动作为，审时度势，果断决策，积极执行党中央和国务院的有关部署，保安全、促复工。这也体现了他们的大局意识和高效务实的专业精神，对推动企业和工程项目开复工，并有效实施疫情防控，进行安全生产，为主动化解工程造价纠纷起到了重要的促进作用。

鉴于工程价格属于市场调节价（或市场调节价为主）的基本属性，本次疫情事件各地建设行政主管部门发布的文件，基本遵从了发承包双方的合同约定，除疫情防护措施费要求必须列入工程造价，调整合同价格外，对人工费、材料费、施工机械费等一般尊重了双方合意，使用了"对不可抗力事件合同有约定，依照合同约定执行，合同没有约定或约定不明的……"的处理原则。因此，对各级建设行政主管部门发布的文件，应主要定位为指导性，发承包双方应通过签订补充合同或协议调整工期和合同价格，其中，疫情防护措施费符合《建设工程工程量清单计价规范》GB 50500 的 3.1.5 款，措施项目中不可竞争性费用的特征，双方应遵照执行（强制性）。

这次文件的发布，既尊重了对发承包双方的合同约定，又有很多具有可操作性的指导意见，这也体现了我国工程造价宏观管理方面治理能力和公共服务水平的不断提高。

3 法律规定的不可抗力事件处理原则

3.1 《民法总则》和《合同法》的有关规定

（1）《民法总则》第180条规定："因不可抗力不能履行民事义务的，不承担民事责任。法律另有规定的，依照其规定。"

（2）《合同法》第94条规定："有下列情形之一的，当事人可以解除合同：（一）因不可抗力致使不能实现合同目的……"。第117条规定："因不可抗力不能履行合同的，根据不可抗力的影响，部分或者全部免除责任，但法律另有规定的除外。当事人迟延履行后发生不可抗力的，不能免除责任。"第118条规定："当事人一方因不可抗力不能履行合同的，应当及时通知对方，以减轻可能给对方造成的损失，并应当在合理期限内提供证明。"

3.2 从法律层面需要回答的两个问题

（1）新冠疫情事件是否具有合同解除的情形

新冠疫情事件虽然构成不可抗力，但是，该事件"一般"不会导致合同目的不能实现，因为只是对工期和费用产生了影响，并不影响合同主要目的的实现，而针对建设工程工期和费用的调整而言本来就具有经常性。这里之所以用"一般"，就是说或有特殊情形，该特殊情形作者认为如发包人因新冠疫情事件引发资金流断裂而停止项目建设、申请破产，承包人因新冠疫情事件破产无法履行合同等。但是，即使构成特殊情形，除非双方达成合同解除协议，合同的解除一般应当申请人民法院裁定，并且，应当按照《合同法》第118条的要求通知对方，减轻可能给对方造成的损失，并应当在合理期限内提供证明，否则应承担损失扩大的违约责任。

（2）费用如何合理承担

《民法总则》第180条和《合同法》第117条的法律规定，将不可抗力作为法定的部分或者全部免除责任事由，但并未明确界定不可抗力事件造成合同当事人各方产生损失时应如何承担的问题。这个问题也是新冠疫情事件解决的难点，我们将在后面的内容中逐步展开分析。

4 合同示范文本关于不可抗力的内容与认识

4.1 合同示范文本关于不可抗力的内容

《建设工程施工合同（示范文本）》（简称"合同示范文本"）分通用合同条款和专用合同条款，通用合同条款是根据《合同法》等法律法规的规定，就工程建设的实施及相关事项，对合同当事人的权利义务作出的原则性约定。专用合同条款是要求当事人对通用合同条款原则性约定的细化、完善、补充、修改或另行约定的条款，其主要内容归纳如下。

4.1.1 不可抗力的定义与主要类别

不可抗力是指合同当事人在签订合同时不可预见，在合同履行过程中不可避免且不能克服的自然灾害和社会性突发事件，如地震、海啸、瘟疫、骚乱、戒严、暴动、战争和专用合同条款中约定的其他情形。

4.1.2 不可抗力的确认与通知

合同一方当事人遇到不可抗力事件，使其履行合同义务受到阻碍时，应立即通知合同另一方的当事人和监理人，书面说明不可抗力和受阻碍的详细情况，并提供必要的证明。

不可抗力持续发生的，合同一方当事人应及时向合同另一方当事人和监理人提交中间报告，说明不可抗力和履行合同受阻的情况，并于不可抗力事件结束后28天内提交最终报告及有关资料。

不可抗力发生后，发包人和承包人应收集证明不可抗力发生及不可抗力造成损失的证据，并及时认真统计所造成的损失。合同当事人对是否属于不可抗力或其损失的意见不一致的，由监理人按合同示范文本第4.4款商定或确定的约定处理。发生争议时，按争议解决的约定处理。

4.1.3　不可抗力后果的承担

不可抗力引起的后果及造成的损失由合同当事人按照法律规定及合同约定各自承担。不可抗力导致的人员伤亡、财产损失、费用增加和（或）工期延误等后果，由合同当事人按以下原则承担。

（1）发包人承担的有：永久工程、已运至施工现场的材料和工程设备的损坏，以及因工程损坏造成的第三人人员伤亡和财产损失；停工期间必须支付的工人工资由发包人承担；因不可抗力引起或将引起工期延误，发包人要求赶工的，由此增加的赶工费用由发包人承担；承包人在停工期间按照发包人要求照管、清理和修复工程的费用由发包人承担。

（2）承包人承担的有：承包人施工设备的损坏由承包人承担。

（3）发包人和承包人各自承担与分担的有：发包人和承包人承担各自人员伤亡和财产的损失；因不可抗力影响承包人履行合同约定的义务，已经引起或将引起工期延误的，应当顺延工期，由此导致承包人停工的费用损失由发包人和承包人合理分担。

（4）避免不可抗力损失扩大原则：不可抗力发生后，合同当事人均应采取措施尽量避免和减少损失的扩大，任何一方当事人没有采取有效措施导致损失扩大的，应对扩大的损失承担责任。因合同一方迟延履行合同义务，在迟延履行期间遭遇不可抗力的，不免除其违约责任。

4.1.4　因不可抗力的解除合同

合同示范文本通用条件还规定因不可抗力导致合同无法履行连续超过84天或累计超过140天的，发包人和承包人均有权解除合同。

4.1.5　合同示范文本专用条款关于不可抗力的内容

专用条款建议发包人与承包人明确除通用合同条款约定的不可抗力事件之外，视为不可抗力的其他情形；以及因不可抗力解除合同，对支付款项的时限进行约定。

4.2 从合同示范文本看新冠疫情事件的处理要求

4.2.1 要确认新冠疫情事件属于不可抗力事件

本次新冠疫情事件，大多数省份启动了公共卫生事件一级响应，本文前言即进行了很多高规格文件的依据性引述，显然新冠疫情符合不可抗力定义的特征与内容。就已经生效未开工和未完成施工的建设工程而言，构成不可抗力事件应该是十分确定的，因此，双方要首先确认新冠疫情属于不可抗力事件。

4.2.2 新冠疫情事件难以构成合同解除的必要条件

建设工程合同不同于一般的商品采购合同，一旦解除合同对双方的损失都是巨大的，除非双方形成合意，或事实不再履行、无法履行，并经人民法院判定，否则违约方会承担巨大损失。新冠疫情事件，仅具有工期延误和费用可能增加的普遍性，并不会因该事件导致不能实现合同目的，因此，发包人和承包人均应积极作为，为实现合同目的共同努力，体现当前"共克时艰"，《合同法》的共担风险、诚实信用的基本要求。

首先，发包人应积极创造条件，沟通当地公共卫生管理部门、住房和城乡建设行政主管部门，为工程复工创造条件。其次，承包人应做好管理人员和工人的动员与防护，尽快复工，尽量避免和减少损失的扩大，避免政府复工要求后怠于积极履行合同造成损失扩大，而带来的违约责任；承包人还要按照不可抗力时间的确认和通知要求，及时向发包人报告防疫方案、复工准备、工期延误、费用损失等情况。

此外，发包人和承包人也要注意三个特殊情况的风险。一是本次新冠疫情事件可能会因资金风险导致的合同主体灭失，致使合同确实无法履行；二是武汉等特殊地区合同无法履行的时间是否会连续超过 84 天，构成双方有权解除合同的免责情形；三是进出武汉或湖北的设备材料采购合同，以及部分劳务合同目的无法实现，造成更大的工期延误。针对这三种情形不仅会引起微观建设项目的风险，也会引起宏观经济的风险或连锁反应。

4.2.3 承包人可按不可抗力事件进行工期和费用索赔

工程索赔是在合同履行中，当事人一方因非己方的原因而遭受经济损失或工期延误，按照合同约定或法律规定，应由对方承担责任，而向对方提出工期和（或）费用补偿要求的行为。

新冠疫情事件可以界定为不可预见、不可避免并不能克服的事件，它的发生是双方不能控制与克服的自然干扰事件，影响到了合同的正常履行，并且会造成工期延长、费用增加。因此，承包人可以就新冠疫情事件造成或可能造成的工期延长和费用损失事实，根据合同条款、法律法规、政府的有关规定等积极主张工期索赔和费用索赔。

新冠疫情事件造成的工期延长和费用损失包括政府控制疫情而延长假期及一般工程不得施工造成的停工，疫情防控期间的措施费用投入等与不可抗力相关的直接损失；疫情解除后可能带来的设备材料采购合同履行受阻，劳务分包合同执行不力，以致解除等与不可抗力相关的间接损失；以及疫情解除后可能会出现的人工、材料、设备租赁价格成本上涨等不可抗力引发的情势变更造成的商务损失（该类费用从工程造价构成上属于直接成本内容，但是价格上涨风险本质是商务问题，在此暂称为商务风险）。因此，承包人应全面按照适用的法律依据、索赔的程序、时限、证据、损失计算等要求持续性提出索赔要求。

5 新冠疫情事件适用法律依据的认识

新冠疫情事件已经造成了停工和防疫直接损失，还会造成材料采购和劳务分包合同履行受阻执行不力等间接损失，并可能引发人工、材料价格上涨的商务损失，针对这些施工成本上升或损失，如何进行有效工程索赔，并且在引发工程纠纷时获得法院和仲裁机构的认同与支持，是一个前置性的法律适用问题。

5.1 关于情势变更的基本认识与法律依据

情势变更是指合同有效成立后，履行完毕前，合同赖以订立的客观情势发生了当事人订立合同时不可预见的异常变动，导致合同的基础动摇或丧失，若继续维持合同原有效力有悖于诚实信用，将导致显失公平的后果时，则应允许变更合同内容或者解除合同的制度。

我国《民法总则》《合同法》以及《施工合同示范文本》对情势变更原则均没有明确的表述内容。《最高人民法院关于适用〈中华人民共和国合同法〉若干问题的解释（二）》（以下简称"《合同法司法解释（二）》"）第二十六条规定，合同成立以后客观情况发生了当事人在订立合同时无法预见的、非不可抗力造成的不属于商业风险的重大变化，继续履行合同对于一方当事人明显不公平或者不能实现合同目的，当事人请求人民法院变更或者解除合同的，人民法院应当根据公平原则，并结合案件的实际情况确定是否变更或者解除。该条确立了我国的情势变更制度。其后，最高人民法院为了严格《合同法司法解释（二）》第二十六条的适用，又明确"各级人民法院务必正确理解、慎重适用。如果根据案件的特殊情况，确需在个案中适用的，应当由高级人民法院审核，必要时应报请最高人民法院审核"。

情势变更原则是一项重要的合同法原则，也是一个国际惯例，它是在根本改变双方当事人利益均衡的事件发生后，为了遵循公平原则的一个体现，但也是对信守合同原则的一个例外。情势变更常见的情形主要包括：政府政策的调整、社会经济形势的急剧变化、物价飞涨等。具体是否适用情势变更须参照合同约定，并从可预见性、归责性以及产生后果等方面进行具体分析，因此，我国对适用情势变更原则持比较谨慎的态度。

5.2　如果适用情势变更原则处理，是否与合同明示条款约定无关

（1）情势变更原则的适用不需以合同约定有情势变更条款为前提，合同中也不会约定。只要合同当事人能够证明因新冠疫情及其防控措施导致合同履行困难，继续履行将使双方的合同权利义务显著失衡，就可以援引情势变更。

（2）情势变更原则的功能在于解决双方权益失衡的问题，贯彻民法公平原则的价值追求，维持当事人之间的利益均衡。

（3）合同约定的材料（及设备）的风险幅度、风险范围等是判断权利义务是否失衡的重要参考标准。风险幅度、风险范围内的价格波动通常属于正常的商业风险，当事人对正常的商业风险能够且应该合理预见。同时，鉴于建筑业市场主体的风险预见、风险控制与风险承受能力等不尽相同，缺乏统一的度量标准，承包人在实践中承担着较大的举证责任压力，若合同对风险幅度、风险范围等无明确约定，承包人主张费用调整的难度也是比较大的。

5.3　新冠疫情事件是否构成情势变更

部分省份提到了"针对新冠疫情事件可能引起的人工、材料价格上涨适用情势变更原则，合理分担风险"，但新冠疫情事件是否构成情势变更，目前还存在很大争论。

作者认为，情势变更原则的适用条件应至少包括：

（1）有不属于不可抗力或者不属于商业风险的重大变化，也就是有事实成就。如原材料价格已经出现大幅、异常上涨。

（2）情势变更须发生在合同成立生效后、履行完毕前。

（3）当事人对导致情势变更的事实发生不可控，且在缔约时是不可预见的。

（4）情势变更使合同继续履行极为困难，且显失公平，需要进行合同的解除与变更。

本次新冠疫情事件目前普遍认为构成了不可抗力，且目前的证据无法证实已发生了超出正常商业风险的重大变化（如原材料价格的大幅上涨），即无法证明导致情势变更的事实已经成就。因此，部分省份"针对新冠疫情事件可能引起的人工、材料价格上涨适用情势变更原则，合理分担风险"的说法还是值得推敲的。

2003 年，北京"非典"疫情发生后，疫情期间和结束后的短时间内材料价格并未上涨。疫情结束后，在下半年钢材、电缆、混凝土等价格因抢工期均异常上涨，其中钢材价格上涨更是超过 60%，显然应该适用情势变更原则进行合同变更，有关材料价格上涨的索赔大多得到了业主的理解，由此产生的纠纷大多也得到了法院、仲裁机构的支持。基于上述情况，才更促成了《合同法司法解释（二）》的第二十六条的规定出台。

建设工程人工、材料价格的上涨具有普遍性，但情势变更原则适用不应具有普遍性，滥用情势变更原则不仅不利于当事人全面、适当履行合同，也会对我国社会主义市场经济的基本经济秩序产生不利影响。因此，作者也进一步认为本次新冠疫情事件应以不可抗力事件为索赔前提，如果出现 2003 年"非典"疫情事件后的材料价格异常、大幅上涨，则宜根据《合同法司法解释（二）》的第二十六条，再另行主张。

5.4　针对新冠疫情事件适用法律原则的建议

针对本次新冠疫情事件，目前，大家在适用法律的前提认识上还不尽一致，但基于我国工程建设的实际情况、合同示范文本或大多建设工程施工合同的情形，从有利于合同双方利益均衡和尽快复工复产的角度，以避免承包人实际损失扩大为前提，作者提出以下处理建议：

（1）停工期间，承包人可适用不可抗力事件造成的停工为由，向发包人申请或索赔工期延长和现场看护人员、待工（隔离）工人的损失费用，以及停工前采取安全和技术措施增加的相关费用。

（2）复工后至疫情完全解除前，承包人可适用不可抗力干扰（影响）为由，向发包人继续索赔工期延误，因复工应政府指令要求增加的疫情防护措施费；以及因疫情不可抗力事件导致的材料（设备）进场延误或替换、劳务不足或开工率不足、停复工等实际增加的费用；因不可抗力事件必须进行的恢复施工措施界面，拆除原有技术和安全措施等增加的费用。

（3）复工以至疫情解除后，如果造成人工、材料价格异常上涨，超出正常风险的，承包人可按照不可抗力事件引发的情势变更原则，向发包人再主张合同变更，申请补偿价格上涨费用，未达成一致意见的可以按照合同约定的方式申请调解、仲裁或诉讼。

关于针对新冠疫情事件适用法律原则，特别是本章5.4节（2）的情形，法学界仍将争论下去，是适用不可抗力，还是适用情势变更，这在不同的法律体系、不同的国家将会有不同的结果，因适用原则不同，将会导致双方责任分担的结果不同，希望大家持续关注最高人民法院的解释或判例，逐步使其清晰化。

5.5 情势变更原则的经济学思考

情势变更原则是一项国际上通行的合同法原则，也是在"信守合同"前提下对"公平"的一种补救措施，无论是国外的判例，还是国内的司法实践都持谨慎原则。一般的适用政府政策的调整，如税率、利率变化；社会经济形势的急剧变化、物价飞涨，即较大金融性风险和价格风险。就建设工程合同而言，假设某房地产项目建设工程合同价格1亿元材料费占合同价格的60%，材料价格上涨了20%，承包人的成本增加为1200万元，而承包人在不考虑价格上涨的情况下，其利润率最多按 5% 考虑，也就 500 万元，考虑正常的物价上涨风险一般为 3%~5%，最多是 500 万元。在我国，以这样的风险和利润去报价几乎是难以中标的，因此，任何一个企业起码要亏损 200 万元以上，如果所有的建设项目均不变更合同，必然造成全行业亏损。而另一方面，因这样大的物价上涨，必然也会造成房屋销售价格的大幅上涨，销售价格是房地产建设项目财务评价敏感性分析中最敏感的因素，使开发商获得更高的利润。显然，这有失合同公平的原则，因此，在物价大幅上涨时，依据情势变更事实，进行合同的变更或解除有其经济学的合理性。

作者对此曾经进行过研究，认为就建设工程施工合同而言，情势变更是一个从量变到质变的过程，并认为当材料（及设备）费上涨超过"（通货膨胀率＋建筑企业平均利润率）÷材料（及设备）费占投标报价比例"幅度时，主张适用情势变更原则是合理的，这个公式还没有进行实际项目验证，仅是个研究性假设，是否能够获得工程界和司法界专家的认同，还不得而知，但是，非常希望各界专家对此进行深入研究。

6 新冠疫情事件的工期与费用索赔的主要情形

新冠疫情事件是否构成法律意义上的不可抗力事件，并据此主张权利，以及是否还可以引用情势变更原则主张其他权利，中外法律界还会继续争论。关于新冠疫情事件事实的认定，不能仅停留在新冠疫情层面，还应包括各级政府具体的管控措施与事实，部分国外企业拒绝我国企业就新冠疫情事件的不可抗力主张，可能还是停留在疫情本身，并不了解中国各级政府的实际管控措施，在进行相关主张时，还应更多地提供由管控措施构成了的"不能克服"的事实依据。

针对新冠疫情事件，发包人和承包人将会在签订补充协议时进行激烈的论证与博弈，甚至会引发仲裁或诉讼的对抗性博弈。承包人希望更多地援引不可抗力事件或情势变更造成了工期延长和非己方原因的成本增加来主张索赔；发包人希望援引不可抗力的免责条款，减少损失承担或分担。我们强调具体问题具体分析，具体合同情形具体分析，新冠疫情事件对不同地方、不同项目合同的正常履行，以及具体工程的影响程度会有很大的不同。下面就可能发生的工期和费用的主要情形进行分析，该情形在有些项目上存在，在有些项目上或许不存在，使用者应结合自身项目的合同背景、合同约定进行选择性使用。

6.1 关于工期索赔

6.1.1 工期索赔的处理原则

针对新冠疫情事件的工期索赔总的一般处理原则是"工期顺延，赶工加钱"。具体可以解释为：针对新冠疫情事件引起的停工、施工降效等均可以申请顺延工期，发包人要求赶工的自然要承担因此而增加的费用。

6.1.2　延误与赶工的经济性分析

新冠疫情事件必然会引起工期延误，但是，是否赶工？发包人是否承担费用？决定权取决于发包人。发包人未要求赶工或同意承担赶工费用的，从合同条款对不可抗力事件的免责规定，以及《合同法》《民法总则》的法律规定看，承包人可以赶工，但是并不一定获得相应费用。因此，赶工费用已经属于另外一件事情，这与不可抗力事件有联系，但是与不可抗力的损失已经没有绝对的关系，因此，赶工费用应属于另外主张的索赔范畴。

通常情况下，不可抗力造成工期延误可以顺延工期，并各自承担工期顺延损失。顺延工期给承包人造成的损失相对来说并不大，主要为施工机械折旧等财务费用、管理人员工资以及总部管理费分担等。承包人不赶工，以及碍于本次新冠疫情事件干扰的实际情况，组织劳务、材料（设备）进场确实是非常困难的，这会造成工期的进一步延误，发包人对此也难以追责，这会导致发包人建设项目交付期的延迟，造成资金成本（建设期利息等）显著上升，并可能进一步引发人工、材料价格上涨的风险，因此，鉴于我国基本建设管理体制，以及我国工程价格的基本属性，发包人（特别是国有资金投资项目）和政府相关部门应主动与承包人通过补充协议的形式承担赶工费用及有关风险等，尽快促成复工，并积极配合承包人提升其复工后的实际开工率和劳动生产率，避免双方的损失扩大，这对我国宏观经济形势也是个利好。

工程造价咨询企业和承包商的造价工程师，更应该在充分考虑停工损失、工期延长损失、赶工费用、工期提前奖励等多因素的前提下，通过全面的工程经济分析，全面测算双方的各自损失，出具高水平、有利于建设项目成本最低、双方损失最小、社会效益最大的工程咨询意见。

6.1.3　工期索赔主要情形和建议处理方式

（1）新冠疫情事件对已经签订合同，未完成工程施工和未开工的建设工程而言，构成了不可抗力事件，切实停工以及未开工项目因此推迟开工的，适用不可抗力的工期顺延。发包人或其监理人未要求或批准赶工的，可仅作为工期顺延处理。

（2）新冠疫情事件发生后至疫情解除前，建设工程施工可能会存在人工和机械的施工降效，承包人应以不可抗力的持续影响（干扰）继续进行施工降效的工期索赔。发包人或其监理人未要求或批准赶工的，仅需要确认工期顺延，无须支付费用（包括施工降效费）。

（3）针对新冠疫情事件会造成停工的工期延误和施工降效的工期延误两种情形，发包人或其监理人要求或批准赶工的，可分别计算赶工费。

①因疫情事件干扰会造成人工和机械正常的工作效率下降，以及进行消毒、检查等准备与结束工作时间（属于定额中的有效工作时间、必须消耗时间）延长，致使施工降效，施工降效的工期延误可以通过延长当日工作时间，当日消化（以后简称"降效当日赶工"），发包人应支付因此而增加的人工费和机械费（本质上是施工降效赶工费）。

②停工的工期延误，承包人应单独制订赶工措施方案（以后简称"停工后赶工"），确保施工安全，并应经监理人审核，发包人确认，发包人应支付由此而增加的赶工措施费。

降效当日赶工和停工后赶工两种情形的计算方法、费用构成会存在较大的差异，不能一概而论。

（4）新冠疫情事件对施工降效造成的影响程度对不同地点（城市、野外），不同类别（装修、土方），不同时点（一级响应时期、二级响应时期）是不同的，造价工程师可采用方便的综合计算、简易计算、商定等方式，亦可以根据实际情况分类计算，发包人或监理人要求分类的应分别计算，特别是引发纠纷进行仲裁或诉讼的更应分别计算。

（5）新冠疫情事件可能因物流不畅、交通控制（特别是已经与武汉供应商签订采购设备材料合同）、材料替换等原因，造成主要设备材料延迟进场。用于关键工作上的设备、材料会直接引起关键线路上的工期延误，用于非关键工作上的设备、材料会因最早开始时间推迟引起关键线路改变，发生此情形的可据实申请工期延长，当然，这种情况是比较特殊的。

（6）新冠疫情事件发生后，经政府部门批准施工的抗疫工程、紧急工程项目不适用不可抗力的工期顺延，但是，可能构成不可抗力事件影响或干扰。

（7）本次新冠疫情事件发生时间正好赶上春节，且属于冬季施工时间，已经批准的事实停工、计划停工，以及投标文件的施工进度计划显示春节期间停工的，该停工时间小于新冠疫情事件影响的停工时间的应予扣除，相反不宜顺延。

6.2　关于费用索赔

6.2.1　不可抗力费用索赔的基本原则

针对新冠疫情事件的费用索赔总的一般处理原则是合理分担，只能进行与工程直接相关的费用索赔，不能索赔利润，管理费一般也难以获得支持。具体如何分担，即合同有约定的遵从合同约定，合同没有约定的参照前文 4.1.3 节，即合同示范文本的原则处理。对于一般倾向，也可以用一句通俗的话表述为"谁的孩子谁抱走"。

6.2.2　费用索赔的主要情形和建议处理方式及理由

（1）人工费

建筑工人是为工程项目而召集的，且是项目的生产要素投入，不可抗力事件发生后人员遣散不利于项目复工，发包人如果不愿承担损失的，承包人有理由要求遣散后有必要的复工准备时间，这会造成工期的进一步延长，因此，发包人承担因不可抗力造成的人工费损失是合理的。人工费索赔的主要情形主要有：

① 停工期间现场保护人员（辅助用工）的工资。建设工程施工现场保护是施工单位的基本责任，合同价格已经包括了现场保护人员工资，因此，政府明令停工期间现场保护人员的工资只能计取批准的顺延工期增加的保护人员工资，数量可按实际发生的人员数量乘以顺延天数计取（一般

会高于正常情况下的人员投入），单价可按保护人员平时工资的双倍计算（即参照节假日原则）。

② 停工期间滞留、隔离待工人员（包括施工机械用工，机上人工本来属于施工机械费的组成，建议一并计算）的工资按照实际发生数量、天数计量，单价可参照当地日最低工资标准。

③ 复工后因人工降效，经发包人或监理人批准要求延长工作时间进行降效当日赶工的，超出日常作业时间的应按不低于正常工资的1.5倍计取（参照《劳动法》的加班加点工资规定），或者按照一定的费率计取降效当日赶工增加费（仅以降效费定义欠妥，因为降效仅引起工期延长，并不必然增加费用，不可抗力工期顺延造成的损失，承包人亦应合理分担），即按照实际发生的工程量、原投标综合单价中的人工费和双方协议的率值增加降效当日赶工增加费。

④ 政府复工令后，承包人已经具备了复工条件，发包人不同意或不配合复工的，承包人可按发包人原因引起的施工人员闲置进行工期及费用索赔。

（2）材料（设备）费

材料（设备）同样是构成工程的要素消耗，发包人一般会支付材料（设备）预付款等，进入工地后所有权一般属于发包人（或建设单位），承包人只是没有进行移交或代为保管，因此，一般不可抗力事件造成的永久工程、已运至施工现场的材料和工程设备的损坏由发包人承担，部分省份也据此进行了摘录。但是，针对新冠疫情事件材料（设备）费是否构成索赔会有较大争议，主要情形有：

① 工程、已进入现场的设备材料损坏。针对本次新冠疫情事件，一是新冠疫情事件不同于台风、地震等不可抗力，一般不会造成"永久工程、已运至施工现场的材料和工程设备的损坏"（也可能存在一些鲜活的"材料"损坏，如苗木等），承包人疫情期间更应做好施工现场保护，即使造成永久工程、已运至施工现场的材料和工程设备的损坏、丢失，亦应承担全部责任，对《建设工程工程量清单计价规范》或《建设工程施工合同示范文本》这一条款的照搬并不合理。二是新冠疫情事件不会造成工程实体

材料消耗量的增加，对工程量的索赔显然是不成立的。

② 运输费用增加和材料（设备）采购合同解除损失。新冠疫情事件因物流不畅、交通控制、生产延误（特别是已经签订，且与武汉有关的设备材料采购合同）等原因，造成主要设备材料延迟进场，会造成设备、材料运输费用的增加，甚至会引发合同解除的费用损失。建议仅仅由于短时间运输不畅的，承包人及发包人应积极协助运输人及供应商积极抢运，并可考虑更改进度计划，顺延工期，发包人、供应商应合理承担运输增加费；但是，如果出现进出武汉的设备、材料，对工期产生重大影响，应由承包人及时提出是否解除合同的建议，商发包人、监理人共同评估解除合同并重新采购与顺延工期两种情形的经济效果与利弊，及时作出有利于工程综合成本最低的决策，避免损失扩大，该损失应由发包人承担，承包人也有责任及时提出，并避免损失扩大。

③ 材料（设备）价格的上涨。材料（设备）价格的波动应遵从原来合同约定，即使出现大幅上涨，亦应单独依据合同和其他法律规定，以及情势变更的原则另案主张变更合同条款，不宜简单以不可抗力和情势变更同时主张（前面已阐述，该问题仍有待法学界进一步研究）。

（3）施工机械费

施工机械费包括直接性消耗（人工费、燃料动力费）和间接性消耗（折旧费、检修费、维护费、安拆费及场外运费等），不可抗力事件停工不会造成直接性消耗，施工机械所有权属于承包人，其应当承担不可抗力造成的损失，因为不可抗力事件具有区域普遍性，基本上都属于停工状态，施工企业施工机械的机会成本为零，承包人不会因设备闲置损失机会成本，因此，施工机械损失应由承包人承担。另外，关于设备租赁价格上涨的分担，一般难以获得发包人的认可，该费用不同于材料费上涨，对建设工程施工合同而言承包人应该拥有自身的施工机械，大多投标书会显示自有施工机械以证明其实力，所以，疫情发生主张施工机械租赁价格上涨不尽合理，当然，该设备不属于一般的施工机械（或施工单位大多不常用、不购置），切实需要租赁，且租赁价格异常上涨的除外。

① 新冠疫情事件不会造成承包人施工设备的损坏，即使损坏亦应由承

包人承担（同前面分析）。

②承包人租赁施工设备价格的租金损失、价格上涨一般应由承包人承担（承包人认为必要的，可以新冠疫情构成不可抗力向租赁人申请租金减免）。

③复工后因施工机械降效，经承包人或监理人批准要求延长工作时间进行降效当日赶工的，发包人应承担相应费用，可参照上述人工费的索赔原则处理。

④政府复工令后，承包人具备复工条件，发包人不同意或不配合复工，造成无法复工的，承包人有权按发包人原因引起的施工设备闲置另外索赔费用。

（4）措施费

措施费有安全文明施工费和技术措施费，均属于工程项目的直接投入，疫情防护措施费用涉及安全文明施工，按照《建设工程工程量清单计价规范》GB 50500的规定，适用标准的强制性条文，安全文明施工费具有不可竞争性，要专款专用，正因为如此，各地建设行政主管部门均明确疫情防控措施费计入工程造价，由发包人承担。作者认为就新冠疫情事件，可以索赔的措施费，不仅有疫情防护措施费，还有技术措施费。

①疫情防护措施费。疫情防护措施费包括增设疫情防控的人员的工资及专项补贴；防疫物资费用，如口罩、体温检测器、消毒设备及材料；交通增加费；临时设施费用，如门岗改造、增设车辆清洗设施；防疫管理和其他费用，如宣传教育、配合地方管理、统计上报等。这些费用承包人应编制疫情防控措施方案，由发包人或其监理人审核，据实计算，由发包人及时支付疫情防控措施增加的费用。

②停复工技术措施费。承包人停工应确保工程本身、施工机械和施工现场的安全，避免损失扩大，应及时采取技术措施使工程中止在安全界面，避免工程或材料报废的合理技术工作界面，复工前应确保安全复工，清除不必要的停工措施，恢复正常的施工界面，该费用属于因停工而增加的费用，可纳入新冠疫情事件的费用索赔。

（5）管理费

施工单位管理费的损失计算均较为复杂，因为停工导致工期延长，不仅造成管理人员工资的增加，还会造成办公费、交通费等其他管理费的上升，以及应上交的总部管理费增加。但是，进行赶工后，该损失又会减少，如果发包人未要求赶工，不会补偿赶工费用，承包人要综合测算赶工增加费，提前完工奖励等，因此，该项的科学计算是非常复杂的。合同示范文本仅提到了不可抗力事件工人工资应由发包人承担，对管理费，包括管理人员工资并未明确，一般合同中也不会明确约定。管理费应该属于各自分担的风险范围，据此各地文件大多仅考虑了"政府明令停工期间现场管理人员的工资"。

极少但可能发生的承包人实施的工程项目实名在册的管理人员与建筑工人如发生确诊病例、疑似病例、进行医学隔离观察等情况，其发生的住宿费、伙食费、医药费等（确实属于极特殊情况），这些费用建议由发承包双方协商合理分担。一般因工作或在工地发生的宜由发包人承担，其他应由承包人承担。

另外，针对新冠疫情防护措施、停复工技术措施方案的编制、审查等发生的相关费用一般也属于管理费的范畴，这些是实际发生的成本性费用。在合同未做约定且未计入相关措施性费用项目时，应计入管理费，由发包人承担。

7 新冠疫情事件索赔的程序、证据、内容与计算方法

新冠疫情事件索赔的提出同其他的工程索赔一样，一要在规定的时间内提出；二要有正当的理由；三要有有效的证据。本文的第 6 章"新冠疫情事件的工期与费用索赔的主要情形"即是对新冠疫情事件索赔内容及其理由的分析，不再重复叙述，下面主要就新冠疫情事件进行工期与费用索赔的程序、证据、主要内容与可操作的计算方法进行阐述。

7.1 工程索赔处理程序

7.1.1 承包人工程索赔的一般工作内容及程序

（1）承包人应在知道或应当知道索赔事件发生后 28 天内，向发包人（或其委托的监理人、咨询人）递交索赔意向通知书，并说明发生索赔事件的事由。

（2）承包人应在发出索赔意向通知书后 28 天内，向发包人正式递交索赔通知书，详细说明索赔理由以及要求追加的付款金额和（或）延长的工期，并附必要的记录和证明材料。

（3）索赔事件具有连续影响的，承包人应按合理时间间隔继续递交延续索赔通知，说明连续影响的实际情况和记录，列出累计的追加付款金额和（或）工期延长天数。

（4）在索赔事件影响结束后的 28 天内，承包人应向发包人递交最终索赔通知书，说明最终要求索赔的追加付款金额和延长的工期，并附必要的记录和证明材料。

7.1.2 发包人处理索赔的工作内容和程序

发包人（或其委托的监理人、咨询人）在收到承包人提交的索赔通知书后，应按以下程序进行处理。

（1）发包人会同其委托的监理人、咨询人及时审查索赔通知书的内容、查验施工单位的记录和证明材料。

（2）发包人应商定或确定追加的付款和（或）延长的工期，并在收到上述索赔通知书或有关索赔的进一步证明材料后的42天（14天监理审查时间＋28天发包人审查时间）内，将索赔处理结果答复承包人。

（3）承包人接受索赔处理结果的，索赔款项在当期进度款中进行支付；承包人不接受索赔处理结果的，按照合同约定的争议解决方式处理。

7.1.3 新冠疫情事件适用的索赔程序与要求

承包人知道或应当知道新冠疫情事件的起算时间最迟应为当地政府启动公共卫生事件响应时间。新冠疫情至今仍未解除，其事件的影响具有连续性，承包人应按规定的时限继续递交延续索赔通知，并申请纳入当期工程进度款。新冠疫情事件解除后的28天内，承包人应递交最终索赔通知书，说明最终的费用索赔金额和延长的工期，承包人应持续做好新冠疫情事件涉及工期和费用增加的全部记录和证据整理。新冠疫情事件既涉及工期索赔，也涉及费用索赔，其中费用索赔更为复杂，不仅涉及人工费、管理费、防疫措施费，还会涉及技术措施费、降效当日赶工增加费、停工后赶工措施费等，以及由此而引发的材料费上涨分担等其他索赔。承包人还应该就未纳入的索赔项目和内容，以及应保留的权利进行必要的说明。

发包人应会同其委托的监理人、工程造价咨询人等发挥各自的专业特长，按照合同约定，或参照合同示范文本的有关要求进行处理，并及时纳入工程进度款进行支付。

7.2 工期与费用索赔的证据

工期与费用索赔的证据的收集、整理对承包人至关重要，它不仅是一般情况下获得发包人及其监理人、咨询人尽快认可、审批，以获得工程进度款的需要，也是在发生工期和工程造价纠纷时进行仲裁和诉讼的需要。承包人应主动收集各类与工期延长和费用损失有关的证据。

7.2.1 新冠疫情事件事实和时间节点证据

新冠疫情事件事实和时间节点证据是证明新冠疫情不可抗力事件发生、不同阶段影响，以及计算工期顺延、降效时段、费用损失的依据。主要有：

（1）各级政府、主管和相关部门，直至工程项目区域居委会（街道办）实施疫情响应、停工、复工文件，以及采取疫情管控措施的文件。

（2）发包人、监理人、发包人上级主管部门，以及工程造价管理机构等，关于工程项目，以及与工程项目有关的疫情管控措施、工期管理、费用计算等文件。

（3）承包人与发包人、监理人单位（包括各方主要责任人、管理人员）之间就新冠疫情事件进行疫情管控的函证（件）。

（4）设备、材料运输合同发生解除、变更、重新签订、执行遭受重大影响的有关资料；劳务分包合同发生解除、变更、重新签订、执行遭受重大影响的有关资料。

（5）造成工期影响的其他证据。

7.2.2 关于费用索赔计算的有关证据

（1）疫情期间（包括停工时间）每日的看护人员数量确认单（或批准文件等）、停工期间每日的待工（隔离）人员数量确认单。

（2）看护人员疫情前、停工期间的工资单，投标报价单（如有）或其他依据，停工期间待工人员日工资单价确认单或其他依据。

（3）需要发放费用增设疫情防控的人员每日的数量确认单、工资及专项补贴标准申请单、确认单、发放表等；防疫物资采购计划申请单、确认单、发票等；疫情防控专用交通工具申请单、确认单、租赁发票等；门岗改造、车辆清洗等临时设施改造申请单、图纸、确认单等；宣传、警示等其他防疫管理的费用申请单、确认单、发票等。

（4）复工后施工降效期间完成工程的图纸，工程形象进度或工程量确认单等。

（5）要求降效当日赶工的，需要承包人的投标报价或适用预算定额或其他计算依据，该依据用于分析施工降效期间完成的工程量的单价构成，包括依据人工消耗量、施工机械消耗量，申请人工、机械降效当日赶工的人工单、机械台班单价，以便计算降效当日赶工增加费，以及双方或经监理单位确认的施工降效资料等。

（6）要求停工后赶工的，要增加赶工技术措施方案申请单、确认单、图纸及实施情况的资料等。

（7）停复工技术措施方案申请单、确认单，证明停复工形象进度、工程界面、技术措施方案实施的图纸、影像资料等。

（8）期望进行材料费索赔的，要提供索赔材料的工程量、消耗量、单价计算与分析表、申请单、采购合同与发票，超出风险范围的有关证据等。

（9）设备、材料运输合同，劳务分包合同执行发生变化的与费用计算有关的证据和资料。

（10）发生确诊病例、疑似病例，以及进行医学隔离观察人员等发生的住宿费、伙食费、医药费、必要生活物资等的证明、发票及影像资料等。

（11）与费用索赔有关的其他证据。

（12）各类费用计算的汇总表、详细计算书、附件等。

新冠疫情事件发生后，2020年2月10日开始北京市建设工程造价管理处连续发布了十余个就复工工程进一步做好工程造价管理的指导意见，这些文件是在北京市住房和城乡建设委员会发布《关于受新冠肺炎疫情影响工程造价和工期调整的指导意见》的前、后发布的，就如何在合同约定的时效内做好不可抗力事件通知、签证、取得工期和费用索赔证据进行了指导。这些文件对指导发承包双方新冠疫情事件做好复工工程索赔证据的准备，并最终进行高效处理工期和费用索赔具有非常实用的指引作用。

7.3　工期与费用索赔的主要内容与计算方法

综合本书第1~6章的分析，针对新冠疫情事件可能对建设工程项目产生的工期延长与费用增加的影响，作者推荐工期及费用索赔的主要内容与计算方法如下。但是，该费用会因合同的约定情形不同具有很大差异，并非会完全得到发包人的认可。仅供承包人或造价工程师进行索赔计算时参考。

7.3.1　工期

（1）停工损失工期（可索赔延误工期）

① 发承包双方确认停复工日期的

停工损失工期＝双方确认的停工工期－春节计划停工工期

注：春节计划停工工期为双方已确认或施工组织中明确的停工工期。

② 承包人未申请停复工的

停工损失工期＝各省（市）文件发布允许复工日期－各省、直辖市宣布公共卫生事件应急响应一级日期

（2）降效影响工期

降效影响工期＝人机降效时段天数 × 人工、机械综合降效率（或人工机械消耗量增加率）

人机降效天数不等于疫情防控期间，一般要小于疫情防控期间，如尽管疫情防控可能持续2个月，但在封闭的项目区域施工，或者在郊外的施工区域，可能防控的时间并不需要2个月。具体时间可由发承包双方据实签认。

人工机械消耗量增加率不完全等同于人工、机械综合降效率，该公式为近似计算人工机械消耗量增加率可参照当地建设行政主管部门发布文件中的人工机械消耗量增加率综合考虑，如没有，可根据项目实际情况分阶段核定。

本施工降效影响的工期未考虑因材料设备合同执行不力，劳务分包人员到位不足可能对开工率的影响等情况。

（3）总延长工期

① 实行施工降效当日赶工的

总延长工期＝停工损失工期－赶工工期

② 未实行施工降效当日赶工的

总延长工期＝停工损失工期＋降效影响工期－赶工工期

赶工工期为复工后发包人或其委托的监理人批准的赶工工期。

7.3.2 人工费

（1）停工看护人员人工费

停工看护人员人工费＝批准增加的停工期间看护人员工日数量 × 看护人员疫情前日平均工资 ×2

其中 2 表示按照劳动法规定的休息日工资以 2 倍计算，但此处应分段计算：政府发文确定为休息日的时段按照 2 倍计算，其余按照 1 倍计算。

（2）停工待工人员人工费

停工待工人员人工费＝停工期间待工人员工日数量 × 待工人员日平均补贴标准

（3）现场隔离人员人工费

隔离人员人工费＝疫情防控期间隔离人员工日数量 × 隔离人员日平均补贴标准

7.3.3 材料（设备）费

（1）材料（设备）运输增加费

按发承包双方商定的，且由发包人承担的材料和设备运输增加费用，以项计列或者分类计列。

（2）材料（设备）采购合同解除损失费

按发承包双方商定的，且由承包人承担合同解除、重新采购发生的实际费用损失，以项计列或者分类计列。

材料（设备）价格上涨的价差费用按合同约定，另行计算。当与重新采购发生的实际费用损失补贴重叠的，需要予以扣除。

（3）周转材料租赁增加费

周转材料租赁增加费＝Σ各周转材料数量 × 租赁单价 × 停工损失时间 × 分摊比例

分摊比例由发承包双方协商确定。

7.3.4　施工机械费

承包人在投标时注明机械为租赁的，可计算停工期机械租赁增加费。若投标时未注明为租赁，但实际确实发生了租赁成本的，发承包双方可通过友好协商确定各自分担比例。自有机械不计算此项费用。

停工期机械租赁增加费＝Σ各租赁机械租赁日期×租赁单价×分担比例

7.3.5　防疫措施费

（1）防疫人工费

防疫人员补助费＝防疫期间防疫人员工日数量×防疫工人员日平均补贴标准

（2）防疫物资费

防疫材料费＝Σ防疫物资数量×单价

（3）防疫临时设施费

防疫临时设施费＝门岗防控改造费＋车辆清洗设施改造费＋临时围护设施改造费＋生活区垃圾清运费＋防疫标牌等其他设施费

防疫临时设施费中的各项费用应按批准的改造方案按项分别计算。

（4）防疫交通增加费

疫情期间，由于交通不便而又急需复工的，对于返场人员补贴的交通费，包含包车接送的租赁车辆费、过路费、车票补贴等费用。此项费用按照实际发生分类计列。

（5）其他防疫费

其他防疫费＝宣传费＋培训费＋不可预见的其他防控措施性费用

7.3.6　技术措施费

（1）停工技术措施费

按发包人或监理人（咨询人）批准的停工措施方案及发生的措施费用，

以项计列。

（2）复工技术措施费

按发包人或监理人（咨询人）批准的开工措施方案及发生的措施费用，以项计列。

7.3.7 管理费

（1）管理人员人工费

管理人员人工费＝批准增加的停工期间管理人员工日数量 × 管理人员疫情前日平均工资

（2）发包人应分担的管理费

应由发包人承担的确诊病例、疑似病例、医学隔离观察人员等的住宿费、伙食费、医药费等按实际发生分项计列。

（3）发包人宜分担的管理费

宜由发包人分担的疫情防控期间管理人员加班加点工资，措施方案编审、调整等现场成本性费用。

7.3.8 其他费用

发生 7.3.2～7.3.7 项以外的应索赔费用，按实际发生的费用计列。

7.3.9 赶工费

赶工费均为在实际发生时才能计列，分为以下三类：施工降效当日赶工的人工费、施工降效当日赶工的机械费以及经发包人批准的赶工技术措施费。

（1）降效赶工人工增加费

实行施工降效当日赶工的：

降效赶工人工增加费＝Σ 降效期间完成的工程量 × 综合单价中人工费 × 人工消耗量增加率 ×1.5×（1＋管理费费率＋利润率）

（其中 1.5 表示按照劳动法的规定加班加点工资应按照日工资的 1.5 倍计算）

（2）降效赶工机械增加费

实行施工降效当日赶工的，可计算降效赶工增加费。

降效赶工机械增加费＝Σ降效期间完成的工程量 × 综合单价中施工机械费 × 机械消耗量增加率＋降效期间完成的工程量 × 机械费中机上人工费 × 机械消耗量增加率 ×0.5×（1＋管理费费率＋利润率）

（注：施工机械费中已含有正常的机上人工费。0.5 表示按照劳动法规定的加班工资1.5 倍计算而增加的正常的机上人工费中未包含的0.5 的部分）

（3）赶工技术措施费

按发包人或监理人（咨询人）批准的赶工措施方案，以及发生的措施费用，以项计列，并可以计取相应的管理费和利润。

7.3.10 材料价格调整

材料（设备）价格上涨的价差费用，合同有约定的按合同约定在结算时据实调整，不计入索赔金额。

如合同无约定或者约定不调整的，当符合情势变更原则后双方协商补充协议或变更合同，并按照双方协商的调整幅度和计算方法进行计算，以项计列。

7.3.11 税费

增值税及附加

（1）增值税＝（人工费＋材料费＋机械费＋措施费＋管理费＋其他费用）× 增值税适用税率

其中：措施费包括防疫措施费和技术措施费，各项费用中的价格为不含增值税价格。

（2）城市维护建设税＝增值税 × 城市维护建设税适用税率

（3）教育费附加＝增值税 × 教育费附加适用费率

关于工期索赔和费用索赔的详细计算可参照附录一新冠疫情事件工期与费用索赔计算系列参考表格（汇总表、明细表）。

8 问题与建议

（1）此次新冠疫情事件是全国性的，对建设工程的影响较大。一是本次新冠疫情事件或因资金风险导致合同实质无法履行的要引起高度重视；二是施工合同示范文本通用条件规定因不可抗力导致合同无法履行连续超过 84 天，发包人和承包人均有权解除合同；三是材料（设备）采购合同的供货方地处武汉或湖北的，或因不可抗力难以履行合同的，也可能会引起工期的巨大延误，针对这三种情形不仅会引起微观建设项目的风险，也会引起宏观的系统性风险，政府相关部门应高度重视，并出台相应的指导性文件。

（2）建设工程的合同价格多是经过招投标形成的市场调节价（或以市场调节价为主），但是，建设工程的价格受人工、材料（设备）、施工机械等要素价格的影响很大，而我国人工、材料的价格并非完全是市场调节价。鉴于我国的投资管理体制，建议工程造价管理机构应会同有关管理部门、司法界的专家依据《价格法》深入研究要素价格的属性和调整办法，如可否将涉及建筑工人基本利益的人工费，以及如疫情防控等安全管理的措施费定位为政府指导价等。

（3）对新冠疫情事件可能引起的人工、材料价格上涨适用情势变更原则，合理分担风险应持谨慎态度。一是情势变更的索赔不宜与不可抗力事件同时提出；二是情势变更应有事实成就，目前仍无法证明新冠疫情事件导致材料价格上涨的事实已经成就。针对建设工程合同履行而言，情势变更是一个由量变（价格上涨）引起质变（显失公平）的过程，问题复杂、界限模糊，这些又是适用法律的前置性问题，有待工程造价管理、法律专家们进一步深入研究。

（4）新冠疫情事件开工的抗疫工程、政府批准新冠疫情期间紧急施工的工程不同于一般工程的不可抗力处理原则与方法，仅是不可抗力事件的干扰（影响），应另行研究适用的工程计价管理原则与办法。

（5）本次新冠疫情事件各地发布的文件，基本遵从了发承包双方的合同约定，并提出了"合同没有约定或约定不明的"情形下具有建设性、可操作性的指导意见，这对维护发承包双方的合法权益，促进恢复生产，保证安全、质量起到了积极作用，也体现了勇于担当的大局意识，显示了我国工程造价宏观管理方面的治理能力和公共服务水平在不断提高。

附录一

新冠疫情事件工期与费用

一、×× 项目新冠疫情事件

序号	类型	计算公式		计量单位	计划停工日期	各省、直辖市宣布公共卫生事件应急响应一级日期
1	停工损失工期	承包人申请停复工的	停工损失工期＝双方确认的停工工期－春节计划停工工期	天		
		承包人未申请停复工的	各省、直辖市文件发布允许复工日期－各省、直辖市宣布公共卫生事件应急响应一级日期	天		
2	降效影响工期	人机降效时段天数 × 人工、机械综合降效率（或人工机械消耗量增加率）		天		
3	赶工工期	发包人批准赶工方案确定的赶工工期		天		
4	总延长工期	1 ＋ 2 － 3		天		
		1 － 3		天		

注：以上所述新冠疫情工期索赔均应建立在影响了关键线路上的工期的前提上。

索赔计算系列参考表格

索赔工期计算汇总表

计划复工日期	实际复工日期	各省、直辖市文件发布允许复工日期	合计	备注
			0	1. 当各省、直辖市宣布公共卫生事件应急响应一级日期晚于或等于计划停工日期的，春节前停工工期按 0 天计 2. 当计划复工日期晚于或等于实际复工日期的，春节后停工工期按 0 天计
			0	
				1. 人机降效时段天数由发承包双方据实核定 2. 人工、机械消耗量增加率可参照当地建设行政主管部门发布的文件中的数据综合考虑，也可根据项目实际情况分阶段核定
			0	降效当日不赶工
			0	降效当日赶工

二、费用

1	人工费	计算公式	计量单位
1.1	现场看护人员人工费	批准停工期间看护人员工日数量 × 看护人员疫情前日平均工资 ×2	元/（人·天）
1.2	待工人员人工费	停工期间待工人员工日数量 × 待工人员日平均补贴标准	元/（人·天）
1.3	现场隔离人员人工费	疫情防控期间隔离人员工日数量 × 隔离人员日平均补贴标准	元/（人·天）
小计			
2	材料（设备）费		计量单位
2.1	材料（设备）运输增加费	按实计算	项
2.2	材料（设备）采购合同解除损失费	按实计算	项
2.3	周转材料租赁增加费	数量 × 日租单价 × 停工损失时间 × 分摊比例	分类计列
小计			
3	机械费		计量单位
3.1	停工期机械租赁增加费	按双方确认的数量、单价和分摊比例计入	台班
小计			
4	防疫措施费		计量单位
4.1	防疫人员人工费	按实计算	分类计列
4.2	防疫物资费	按实计算	分类计列
4.3	防疫临时设施费	按实计算	分类计列
4.4	防疫交通增加费	按实计算	分类计列
4.5	其他防疫措施费	按实计算	分类计列
小计			

项目汇总表

人员数量	人工单价	计算时间	费用（元）	备注
			0	政府发布确定为休息日期间的按照2倍计算，其余为1倍计算
			0	
			0	
材料数量	材料单价	计算时间	费用（元）	
			0	
机械台班（工程量）	单价	计算时间（消耗量增加率）	费用（元）	
			0	自有的、投标时没注明是租赁原则上不计算，若确实产生租赁费用的可由发承包双方协商承担比例
			0	
			费用（元）	
				现场的
			0	

5	技术措施费		计量单位
5.1	停工技术措施费	按批准的停工措施方案计算	项
5.2	复工技术措施费	按批准的复工措施方案计算	项
小计			
6	管理费		计量单位
6.1	管理人员工资	批准增加的停工期间管理人员工日数量×管理人员疫情前日平均工资×停工损失时间	元/人/天
6.2	场外隔离人员费用	按实计算	分类计列
6.3	措施方案编审费	按实计算，不得重复	分类计列
小计			
7	其他	按实计算	
8	赶工费		
8.1	降效赶工人工增加费	计算公式一：折合赶工天数×补贴单价×（1+管理费费率+利润率） 计算公式二：Σ降效期间完成的工程量×综合单价中人工费×人工消耗量增加率×1.5×（1+管理费费率+利润率）	分类计列
8.2	降效赶工机械增加费	Σ降效期间完成的工程量×综合单价中施工机械费×机械消耗量增加率+降效期间完成的工程量×机械费中机上人工费×机械消耗量增加率×0.5×（1+管理费费率+利润率）	分类计列
8.3	发包人要求赶工技术措施费	按发包人批准的赶工措施方案计算 可计入管理费及利润	项
小计			
9	材料价格调整	按合同约定发生时或情势变更发生时双方协商达成一致意见后才予以计算	项
10	税金		适用税率
10.1	增值税	（1+2+3+4+5+6+7）×增值税税率	
10.2	城市维护建设税	9.1×城市维护建设税适用税率	
10.3	教育费附加	9.1×教育费附加适用税率	
小计			
	费用汇总	1+2+3+4+5+6+7+8+9+10	

			费用（元）	
				实际发生才计列
				实际发生才计列
			0	
人员数量	人工单价	计算时间	费用（元）	
			0	
				赶工费均为实际发生才计列
			0	
			0	
			0	
			0	
			0	
			0	

三、××项目新冠疫情索赔费用汇总表

项目名称：××项目   表-001

序　号	项目名称	金　额	备　注
一、人工费			
1	现场看护人员人工费	0.00	
2	待工人员人工费	0.00	
3	现场隔离人员人工费	0.00	
小计		0.00	
二、材料费			
1	材料（设备）运输增加费	0.00	
2	材料（设备）采购合同解除损失费	0.00	
3	周转材料租赁增加费	0.00	
小计		0.00	
三、机械费			
1	停工期机械租赁增加费	0.00	
小计		0.00	
四、防疫措施费			
1	防疫人工费	0.00	
2	防疫物资费	0.00	
3	防疫临时设施费	0.00	
4	防疫交通增加费	0.00	
5	其他防疫费	0.00	
小计		0.00	
五、技术措施费			
1	停工技术措施费	0.00	
2	复工技术措施费	0.00	
小计		0.00	
六、管理费			
1	管理人员人工费	0.00	
2	发包人应分担的管理费	0.00	
3	发包人宜分担的管理费	0.00	
小计		0.00	
七、其他			
1	其他费用	0.00	

序　号	项目名称	金　额	备　注
	八、赶工费		
1	降效赶工人工增加费	0.00	如赶工才发生
2	降效赶工机械增加费	0.00	
3	赶工技术措施费	0.00	
	九、材料价格调整（如有）		
1			情势变更发生后按双方协商结果计列
2			
小计		0.00	
	十、税金		
增值税		0.00	
城市维护建设税		0.00	
教育费附加		0.00	
小计		0.00	
总计		0.00	

四、现场看护人员人工费汇总表

项目名称：××项目　　　　　　　　　　　　　　　　　　表-002

序号	姓名	籍贯	单位名称 1. 总包项目管理人员 2. 专业分包人员 3. 劳务分包人员	联系方式	居住地	进、出场时间	出勤天数（天）	补贴单价（元）	是否为休息日（是，×2）（否，×1）	防疫期间工资补贴（元）	备注
一	休息日										
1									2	0	
2									2	0	
3									2	0	
4									2	0	
5									2	0	
二	非休息日										
1									1	0	
2									1	0	

续表

序号	姓名	籍贯	单位名称 1. 总包项目管理人员 2. 专业分包人员 3. 劳务分包人员	联系方式	居住地	进、出场时间	出勤天数（天）	补贴单价（元）	是否为休息日（是，×2）（否，×1）	防疫期间工资补贴（元）	备注
3									1	0	
4									1	0	
5									1	0	
6									1	0	
合计										0	

注：计算公式：出勤天数 × 补贴单价 ×2（政府发文确定为休息日期间的按照 2 倍计算，其余为 1 倍计算）。

五、待工（隔离）人员人工费汇总表

项目名称：×× 项目 表 - 003

序号	姓名	籍贯	单位名称 1. 总包项目管理人员 2. 专业分包人员 3. 劳务分包人员	联系方式	居住地	开始待工时间	停止待工时间	待工天数（天）	补贴单价（元）	防疫期间工资补贴（元）	备注
1										0	
2										0	
3										0	
4										0	
5										0	
6										0	
7										0	
8										0	
9										0	
10										0	
11										0	
12										0	
合计										0	

注：计算公式：待工（隔离）天数 × 补贴单价。

六、材料（设备）运输增加费汇总表

项目名称：××项目　　　　　　　　　　　　　　　　　　　　　　　表- 004

序号	材料名称	运输路线	运输方式	费用增加原因	规格	单位	数量	补贴单价	金额	备注
1									0.00	
2									0.00	
3									0.00	
4									0.00	
5									0.00	
6									0.00	
…									0.00	
合计									0.00	

注：计算公式：数量 × 补贴单价。

七、材料（设备）合同解除增加费汇总表

项目名称：××项目　　　　　　　　　　　　　　　　　　　　　　　表- 005

序号	材料名称	涉及合同名称	费用增加原因（原合同解除违约金／重新采购增加）	品牌	规格	单位	数量	增加单价	金额	备注
1									0.00	
2									0.00	
3									0.00	
4									0.00	
5									0.00	
6									0.00	
…									0.00	
合计									0.00	

注：1. 若补贴金额为原合同解除违约金，则直接输入违约金金额；若补贴金额为重新采购增加，
　　　　则计算公式为：数量 × 增加单价。

　　　2. 当对重新采购增加价款予以补贴后，所涉材料价格在进行材料调差时对于重叠部分应予以
　　　　扣除。

八、周转材料租赁增加费汇总表

项目名称：××项目   表-006

序号	材料名称	品种规格	单位	数量	日租单价（元）	停工工期天数	含税租金（元）	备注
1				0			0.00	
2							0.00	
3							0.00	
4							0.00	
5							0.00	
6							0.00	
…							0.00	
合计							0.00	

注：计算公式：数量 × 日租单价 × 停工工期天数。

九、机械租赁费汇总表

项目名称：××项目   表-007

序号	机械名称	规格	单位	数量	日租金（元）	租赁日期	租赁天数	分担比例	金额（元）	备注
1									0.00	
2									0.00	
3									0.00	
4									0.00	
5									0.00	
6									0.00	
…									0.00	
合计									0.00	

注：1. 计算公式：日租金 × 租赁天数 × 分担比例。

2. 自有机械以及投标时没注明租赁，原则上不予计算，若实际发生了租赁费用可由发承包双方协商分担比例。

十、防疫人工费汇总表

项目名称：××项目　　　　　　　　　　　　　　　　　　　　表-008

序号	姓名	籍贯	单位名称 1. 总包项目管理人员 2. 专业分包人员 3. 劳务分包人员	联系方式	居住地	进、出场时间	出勤天数（天）	补贴单价（元）	防疫期间工资补贴（元）	备注
1									0.00	
2									0.00	
3									0.00	
4									0.00	
5									0.00	
6									0.00	
…									0.00	
合计									0.00	

注：计算公式：出勤天数 × 补贴单价。

十一、防疫物资费汇总表

项目名称：××项目　　　　　　　　　　　　　　　　　　　　表-009

序号	物资名称	规格、型号	单位	数量	单价（元）	总价（元）	备注
1						0	
2						0	
3						0	
4						0	
5						0	
6						0	
…						0	
合计						0	

十二、防疫临时设施费汇总表

项目名称：××项目 表-010

序号	项目名称	单位	数量	单价（元）	时间（天）	总价（元）	备注
一、门岗防控改造费							
1						0	
2						0	
3						0	
4						0	
						0	
二、车辆清洗设施改造费							
1						0	
2						0	
3						0	
三、临时围护设施改造费							
1						0	
2						0	
3						0	
四、生活区垃圾清运							
1						0	

五、防疫标牌等其他设施

序号	项目名称	材质	单位	数量	单价（元）	总价（元）	备注
1						0	
2						0	
3						0	
4						0	
5						0	
6						0	
...						0	
合计						0	

十三、防疫交通增加费汇总表

项目名称：××项目 表-011

序号	姓名	籍贯	单位名称 1. 总包项目管理人员 2. 专业分包人员 3. 劳务分包人员	返场日期	来自地区（明确到县）	途经地或中转	交通方式	所乘车次	联系方式	返场交通补贴	备注
1											
2											
3											
4											
5											
6											
7											
8											
9											
10											
11											
12											
13											
14											
15											
16											
17											
...											
合计										0	

注：若为包车、租车接送等产生的相应费用，在其他费用里面单列。

十四、其他防疫费汇总表

项目名称：××项目   表-012

序号	项目名称	金额（元）	备注
1	宣传费		
2	培训费		
3	不可预见的其他防控措施性费用		
4	租车费		
5	过路费		
…			
合计		0	

十五、技术措施费费用汇总表

项目名称：××项目   表-013

序号	技术措施类型	单位	金额（元）	备注
1	停工措施费	项		
1.1				
1.2				
…				
2	复工措施费	项		
2.1				
2.2				
…				
合计			0	

十六、降效赶工人工增加费汇总表（方法一）

项目名称：××项目　　　　　　　　　　　　　　　　　　　　　表-014

序号	姓名	籍贯	单位名称 1. 总包项目管理人员 2. 专业分包人员 3. 劳务分包人员	联系方式	居住地	赶工时间（到时段）	折合赶工天数（天）	补贴单价（元）	防疫期间工资补贴（元）	备注
1									0	
2									0	
3									0	
4									0	
5									0	
…									0	
合计									0	

注：计算公式：折合赶工天数×补贴单价。

十七、降效赶工人工增加费汇总表（方法二）

项目名称：××项目　　　　　　　　　　　　　　　　　　　　　表-015

序号	项目名称	工作内容	单位	数量	降效期间完成的工程量	综合单价中人工费	人工消耗量增加率	加班增加费1.5倍	金额（元）	备注
1									0.00	
2									0.00	
3									0.00	
4									0.00	
5									0.00	
…									0.00	
合计									0.00	

注：计算公式：Σ降效期间完成的工程量×综合单价中人工费×人工消耗量增加率×1.5。

其中，1. 人工消耗量增加率可参照当地文件执行（如北京市为5%），如无文件要求，发承包双方可根据实际情况核定。

2. 1.5为根据《劳动法》规定工作日加班应予支付1.5倍工资。

十八、降效赶工机械增加费汇总表

项目名称：××项目　　　　　　　　　　　　　　　　表-016

序号	机械名称	规格	单位	数量	降效期间完成的工程量	综合单价中施工机械费	机械消耗量增加率	机械费中机上人工费	金额（元）	备注
1									0.00	
2									0.00	
3									0.00	
4									0.00	
5									0.00	
6									0.00	
…									0.00	
合计									0.00	

注：计算公式：Σ降效期间完成的工程量 × 综合单价中施工机械费 × 机械消耗量增加率＋降效期间完成的工程量 × 机械费中机上人工费 × 机械消耗量增加率×0.5。

其中，1. 机械消耗量增加率可参照当地文件执行，如北京市为5%，如无文件要求，发承包双方可根据实际情况核定。

2. 0.5为根据《劳动法》规定工作日加班应予支付1.5倍工资的要求增加的人工费用。

十九、赶工技术措施费费用汇总表

项目名称：××项目　　　　　　　　　　　　　　　　表-017

序号	技术措施类型	单位	金额（元）	备注
1	赶工技术措施费	项		
1.1				
1.2				
1.3				
…				
合计			0	

二十、管理人员人工费汇总表

项目名称：××项目　　　　　　　　　　　　　　　　　　　表-018

序号	姓名	籍贯	单位名称 1. 总包项目管理人员 2. 专业分包人员 3. 劳务分包人员	联系方式	居住地	进、出场时间	出勤天数（天）	补贴单价（元）	防疫期间工资补贴（元）	备注
1			总包项目管理人员						0	
2			总包项目管理人员						0	
3			总包项目管理人员						0	
4			总包项目管理人员						0	
5			总包项目管理人员						0	
…			总包项目管理人员						0	
合计									0	

注：计算公式：出勤天数 × 补贴单价。

二十一、发包人应分摊管理费汇总表

项目名称：××项目　　　　　　　　　　　　　　　　　　　表-019

序号	确诊病例、疑似病例等场外人员姓名	籍贯	联系方式	住宿费（元）	伙食费（元）	医疗费（元）	交通费（天）	其他（元）	补贴汇总（元）	备注
1									0	
2									0	
3									0	
4									0	
5									0	
…									0	
合计									0	

注：1. 主要指应由发包人分担的确诊病例、疑似病例、医学隔离观察人员等实际发生的费用。

2. 计算公式：补贴汇总＝住宿费＋伙食费＋医疗费＋交通费＋其他。

二十二、其他费用汇总表

项目名称：××项目   表-020

序号	项目名称	金额（元）	备注
1			
1.1			
1.2			
2			
2.1			
…			
合计			

二十三、材料价格调整汇总表

项目名称：××项目   表-021

序号	材料名称	材料规格	单位	单价上浮金额	疫情间采购数量	增加采购费用	备注
1							
2							
3							
…							
合计							

附录二

省级以上城乡建设主管部门关于工期与费用调整分析表

一、各地关于新冠疫情事件工期调整情况对比分析表

序号	名称	政府明令停工期间停工工程工期	疫情期间政府启动复工令后的复工工程降效工期
1	住房和城乡建设部	疫情防控导致工期延误，属于合同约定的不可抗力情形。地方各级住房和城乡建设主管部门要引导企业加强合同工期管理，根据实际情况依法与建设单位协商合理顺延合同工期	
2	北京	1. 自本市决定启动重大突发公共卫生事件一级响应之日至《北京市住房和城乡建设委员会关于施工现场新型冠状病毒感染的肺炎疫情防控工作的通知》（京建发〔2020〕13号）第一条规定之日，工程开复工时间受疫情防控影响的实际停工期间为工期顺延期间。 2. 政府投资和其他使用国有资金投资的工程，在疫情影响期间开复工的，发承包双方应当按照下列原则协商签订补充协议： 在《北京市住房和城乡建设委员会关于施工现场新型冠状病毒感染的肺炎疫情防控工作的通知》（京建发〔2020〕13号）第一条规定之日后，受疫情防控影响的停工期间，发承包双方根据实际情况，友好协商确定工期顺延期间；可顺延工期的停工期间发生的承包人损失，由发承包双方协商分担，协商不成的，可参照《建设工程工程量清单计价规范》GB 50500—2013第9.10节有关不可抗力的规定处理	国家和本市有关疫情防控规定导致施工降效的，发承包双方应当协商确定合理的顺延工期或顺延工期的原则。 因疫情防控措施要求导致工人和机械设备施工降效增加的费用，由发承包双方根据实际情况协商确定；协商不能达成一致的，受疫情防控措施影响的人工和机械消耗量可按照我市现行预算定额人工和机械消耗量标准的5%调增，价格由发承包双方根据相关签证确定

序号	名称	政府明令停工期间停工工程工期	疫情期间政府启动复工令后的复工工程降效工期
3	天津	妥善解决疫情造成的工期延误问题。新建项目，发包方应在招标文件中充分考虑新冠肺炎疫情防控期间及后续施工工期变化情况，合理确定施工工期。在施项目，承发包双方应在原合同约定的基础上签订补充协议，重新合理确定施工工期。因疫情防控造成的工期延误，适用合同不可抗力相关条款规定。合同没有约定或约定不明的，可以《建设工程工程量清单计价规范》GB 50500—2013 第 9.10 条不可抗力的相关规定为依据	因疫情防控造成的工期延误，适用合同不可抗力相关条款规定。合同没有约定或约定不明的，可以《建设工程工程量清单计价规范》GB 50500—2013 第 9.10 条不可抗力的相关规定为依据
4	重庆	因新冠肺炎疫情导致的建设项目停工、工期延误、工程损失及费用增加的，发承包双方可根据不可抗力和情势变更相关法律规定，按照合同约定执行；合同未约定的，按照《建设工程工程量清单计价规范》GB 50500—2013 有关规定，协商签订补充条款或补充协议调整合同价款、顺延合同工期	
5	黑龙江	疫情防控期间开（复）工和受疫情影响推迟开（复）工的项目，发承包双方应依据法律法规及合同条款，按照不可抗力有关规定及约定合理顺延工期、合理分担费用。此次新冠肺炎不可抗力，影响我省房屋建筑与市政基础设施等工程的时间自 2020 年 1 月 25 日（我省决定启动重大突发公共卫生事件一级响应）起至疫情解除之日止	已完成招投标推迟开工（计划开工时间在疫情防控期间）及结转推迟复工项目，承发包双方应就工期、人材机价格调整及新冠肺炎疫情防控专项费用等内容及时签订补充合同
6	辽宁	受疫情影响不能复工的工程项目，允许按照《合同法》及《建设工程工程量清单计价规范》GB 50500—2013 不可抗力的相关规定进行顺延，具体延长期限由双方协商后重新确定，并由甲乙双方签订补充协议	
7	河北	因疫情防控导致的建设工期延误，属于合同约定中不可抗力情形，建设单位应将合同约定的工期顺延	因疫情防控导致的建设工期延误，属于合同约定中不可抗力情形，建设单位应将合同约定的工期顺延

序号	名称	政府明令停工期间停工工程工期	疫情期间政府启动复工令后的复工工程降效工期
8	山东	受新冠肺炎疫情影响，工期应按照《建设工程工程量清单计价规范》GB 50500—2013 第9.10条不可抗力的规定予以顺延。疫情防控期间未开复工的项目，顺延工期一般从接到工程所在地管理部门停工通知之日起，至接到复工许可之日止；疫情防控期间内开复工的工程，顺延工期由工程发承包双方根据工程实际情况协商确定。合同工期内已考虑的正常春节假期不计算在顺延工期之内	
9	山西	1. 疫情防控期间在建项目未复工，工期应予以顺延。顺延工期计算从山西省政府决定启动重大突发公共卫生事件一级响应（2020年1月25日）之日起至解除之日止。合同工期内已考虑的正常冬季停工不计算在顺延工期内。 2. 疫情防控期间在建项目已复工或已签订合同未开工，建设工程合同双方应结合实际合理确定顺延工期。 3. 疫情防控期间未复工在建项目，顺延工期时间计算的终止日明确为疫情防控期结束之日（届时按照有关通知执行）	
10	陕西	疫情防控期间未复工的项目，工期应予以顺延，顺延工期计算从陕西省政府决定启动重大突发公共卫生事件一级响应（2020年1月25日）之日起至解除之日止	疫情防控期间复工的项目，建设工程合同双方应结合实际合理确定顺延工期
11	甘肃	疫情防控期间未复工的项目，工期应按照《建设工程工程量清单计价规范》GB 50500—2013（以下简称"清单规范"）有关不可抗力的规定予以顺延	疫情防控期间复工的项目，建设工程发承包双方应通过协商，合理顺延合同工期
12	宁夏	将疫情明确设定为《建设工程施工合同》和《合同法》中所列明的不可抗力	
13	江西	因疫情防控造成工程停工的，应合理顺延工期	
14	广西	因疫情防控造成工程延期复工的，发包人应将合同约定的工期顺延，并免除承包人因不可抗力导致工期延误的违约责任	承包人应根据属地政府及有关部门疫情防控要求，及时向发包人及监理人提出相应顺延工期的申请报告，具体说明此次不可抗力事件对本工程建设的影响。发包人和监理人应根据承包方递交的申请报告及项目实际合理批复延长工期

续表

序号	名称	政府明令停工期间停工工程工期	疫情期间政府启动复工令后的复工工程降效工期
15	湖南	受新冠肺炎疫情影响，疫情防控期间未复工的项目，工期应按照《建设工程工程量清单计价规范》GB 50500—2013第9.10条不可抗力的规定予以顺延，顺延工期计算从2020年1月23日起（湖南省决定启动重大突发公共卫生事件一级响应）至解除之日止	疫情防控期间复工的项目，建设工程合同双方应友好协商，合理顺延工期
16	海南	受新冠肺炎疫情影响，疫情防控期间未复工的项目，工期应按照《建设工程工程量清单计价规范》GB 50500—2013中第9.10条不可抗力的规定予以顺延	疫情防控期间复工的项目，建设工程合同双方应友好协商，根据实际情况合理顺延工期
17	湖北	疫情防控期间未复工的项目，工期应按照不可抗力有关规定予以顺延，顺延工期计算从2020年1月24日起（湖北省决定启动重大突发公共卫生事件一级响应）至解除之日止	疫情防控期间复工的项目，发承包双方应进行协商，合理顺延工期
18	浙江	发承包双方可依法适用不可抗力有关规定，妥善处理因疫情防控产生的工期延误风险，根据实际情况合理顺延工期	因疫情引起工期顺延，发包方要求赶工而增加的费用，依据《浙江省建设工程计价规则》（2018版）8.4.5款规定由发包方承担。承包方应配合发包方要求，及时确定赶工措施方案和相关费用预算报发包方审核。赶工措施方案和相关费用已经考虑施工降效因素的不再另行计取施工降效费用
19	云南	受新冠肺炎疫情影响，疫情防控期间未复工的项目，工期应按照《合同法》第117条、118条，《建设工程工程量清单计价规范》GB 50500—2013第9.10条不可抗力的规定予以顺延，顺延工期计算自2020年1月24日云南省启动重大突发公共卫生事件一级响应起至解除之日止	疫情防控期间复工的项目，建设工程合同双方应友好协商，合理顺延工期

序号	名称	政府明令停工期间停工工程工期	疫情期间政府启动复工令后的复工工程降效工期
20	江苏	因新冠肺炎疫情防控造成工程延期复工或停工的，应合理顺延工期	受新冠肺炎疫情防控影响，造成工期延误，工程复工后发包人确因特殊原因需要赶工的，必须确保工程质量和安全。赶工天数超出剩余工期10%的必须编制专项施工方案，明确相关人员、经费、机械和安全等保障措施，并经专家论证后方可实施
21	四川	对因新冠肺炎疫情导致建设工期实际延误的项目，发包人应根据实际延误情况合理顺延工期，按照合同约定合理分担承包人由此造成的停工损失	
22	青海	对项目建设中受新冠肺炎疫情影响或疫情防控工作需要不能履行合同工期的，合同双方可依法适用不可抗力有关规定，根据实际情况进行协商，合理顺延工期	
23	贵州	因应对新型冠状病毒引发肺炎疫情直接导致施工企业停工停产引起工期延误的，根据《合同法》及《建设工程施工合同（示范文本）》（2017）通用条款第17.3.2条，因不可抗力影响承包人履行合同约定的义务，已经引起或将引起工期延误的，应当顺延工期。免除因不可抗力导致的工期延误的违约责任	
24	广东	疫情防控导致工期延误，属于合同约定的不可抗力情形，工程工期应按照《建设工程工程量清单计价规范》GB 50500—2013第9.10条不可抗力的规定，对疫情影响的工期予以顺延。合同工期内已考虑的正常春节假期不计算在顺延工期之内	
25	安徽	疫情影响属于合同约定中的不可抗力情形。施工合同约定的时限应合理顺延，顺延时间原则上自安徽省决定启动重大公共卫生事件一级响应之日起至各市、县（区）确定建设工程项目复工复产之日止，也可根据实际情况，双方协商解决	
26	河南	建设工程施工合同对不可抗力有明确约定的按合同执行；建设工程施工合同无约定的，按《建设工程工程量清单计价规范》GB 50500—2013中不可抗力相关规定执行	因新冠肺炎疫情造成不能依照合同按时履约，其工期应予合理顺延

续表

序号	名称	政府明令停工期间停工工程工期	疫情期间政府启动复工令后的复工工程降效工期
27	新疆	发承包双方应按照《建设工程工程量清单计价规范》GB 50500—2013 中关于不可抗力的规定，妥善处理因疫情影响产生的工期延误问题，根据实际情况协商合理顺延工期	
28	上海	为控制新冠肺炎疫情，政府采取了延长春节假期并要求延迟复工的行政措施。建设工程确因疫情影响造成工期延误的，发包人与承包人应当根据合同约定予以处理；合同未约定的，双方应当根据实际情况协商将合同约定的建设工期进行合理顺延	

说明：上述内容或因文件收集不全面，以及对文件的理解不够深入，难免有些疏漏，请大家全面收集当地文件，阅读原文及其释义。

二、各地关于新冠疫情事件工程造价调整情况对比分析表（人工费）

序号	名称	人 工 费		
		停工及疫情防控隔离待工人员	紧急工程与抗疫工程（指政府要求停工期间施工的工程）	复工工程（疫情防控期间，允许复工后的一般工程）
1	住房和城乡建设部	因疫情造成的人工上涨成本，发承包双方要加强协商沟通，按照合同约定的调价方法调整合同价款		
2	北京	1. 发承包双方应当按照合同有关不可抗力事件的约定，确定停工期间损失费用及其相应承担方式；合同对不可抗力事件没有约定或者约定不明的，发承包双方可参照《建设工程工程量清单计价规范》GB 50500—2013 第 9.10 节有关不可抗力的规定处理。 2. 隔离劳务人员工资发生的费用，发承包双方应当按照实际发生情况办理同期记录并签证，作为结算依据		1. 人工费调整：受疫情影响增加的劳务工人工资，由发承包双方根据建筑工人实名登记结果、市场人工工资和疫情影响期间完成的工程量确定。发承包双方应当本着实事求是的原则，办理同期记录并签证，作为结算价差的依据。 2. 施工降效增加成本：因疫情防控措施要求导致工人施工降效增加的费用，由发承包双方根据实际情况协商确定；协商不能达成一致的，受疫情防控措施影响的人工和机械消耗量可按照我市现行预算定额人工消耗量标准的 5% 调增，价格由发承包双方根据相关签证确定

续表

序号	名称	人 工 费		
		停工及疫情防控隔离待工人员	紧急工程与抗疫工程（指政府要求停工期间施工的工程）	复工工程（疫情防控期间，允许复工后的一般工程）
3	天津	疫情防控期间发生的费用，发承包双方参照法规、规范关于不可抗力的有关规定，订立补充合同或协议		因疫情造成的人工成本上涨，发承包双方要加强协商沟通，按照合同约定的调价方法调整合同价款
4	重庆	因新冠肺炎疫情导致的建设项目工程损失及费用增加的，发承包双方可根据不可抗力和情势变更相关法律规定，按照合同约定执行；合同未约定的，按照《建设工程工程量清单计价规范》GB 50500—2013 有关规定，协商签订补充条款或补充协议调整合同价款	疫情防控期间，按政府有关要求施工的应急、抢险建设项目，完成的工程量除合同有约定外，人工工日单价可参照法定节假日加班费有关规定计取	疫情防控期间，如出现人工单价大幅波动，合同有相关调整约定的，发承包双方应按合同约定处理；合同约定不调整的，发承包双方可根据工程实际情况，重新协商确定人工价格调整办法；合同中未进行约定或者约定不具体的，人工价格参照此文件精神协商调整
5	黑龙江	情防控期间开（复）工和受疫情影响推迟开（复）工的项目，发承包双方应依据法律法规及合同条款，按照不可抗力有关规定及约定合理顺延工期、合理分担费用	疫情防控期间，施工企业按照当地政府指令紧急新建或改建疫情防控医疗应急建设项目（如新冠肺炎患者集中收治医院）的造价，合同有约定的，按合同约定执行；合同没有约定或约定不明的，发承包双方可根据工程实际情况进行签证，据实结算	疫情防控期间开（复）工项目，受疫情影响导致建筑人工工资异常上涨的，承发包双方应本着实事求是的原则，及时签订补充合同，确定相应调整方法
6	辽宁	新型冠状病毒感染的肺炎疫情已构成不可抗力，由此造成的损失和费用增加，合同有约定的严格按照合同执行，合同没有约定的，按《建设工程工程量清单计价规范》GB 50500—2013 中第 9.10 条不可抗力规定的原则，由发承包双方分别承担		因疫情影响，导致人工价格波动，发承包双方应根据我省建设工程计价依据的相关规定，结合实际，签订疫情期间价格调整的补充协议，约定价格调整的范围、幅度等内容，作为工程造价计价调整依据

序号	名称	人工费		
		停工及疫情防控隔离待工人员	紧急工程与抗疫工程（指政府要求停工期间施工的工程）	复工工程（疫情防控期间，允许复工后的一般工程）
7	山东	在建工程因防控疫情停工产生的各项费用，按照法律法规、合同条款及《建设工程工程量清单计价规范》GB 50500—2013 第 9.10 条不可抗力的有关规定，发承包双方应合理分担有关费用		疫情防控期间人工价格发生变化，按照《山东省住房和城乡建设厅关于加强工程建设人工材料价格风险控制的意见》（鲁建标字〔2019〕21 号）有关规定调整工程造价。合同约定不调整的，疫情防控期间内适用情势变更原则，按照上述文件合理分担风险
8	山西	新冠肺炎疫情防控为不可抗力因素，由此造成的损失和费用增加，合同有约定的，严格执行合同；合同没有约定或约定不明确的，按照《建设工程工程量清单计价规范》GB 50500—2013 中第 9.10 条不可抗力相关规定执行		疫情防控期间在建项目已复工，施工时必须按照工程所在地政府疫情防控规定组织施工，因此发生的人工单价变化等导致工程价款的变化，发承包双方应另行签订补充协议
9	陕西	疫情防控期间未复工的项目，费用调整按照法律法规及合同条款，按照不可抗力有关规定及约定合理分担损失		疫情防控期间，建设工程确需要施工的，应加强防护措施，保证人员安全，防止疫情传播，施工企业必须严格按照工程所在地政府疫情防控规定组织施工，承发包双方根据合同约定及相关规定，本着实事求是的原则协商解决，疫情防护措施、人工材料机械等导致工程价款变化，应另行签订补充协议

序号	名称	人工费		
		停工及疫情防控隔离待工人员	紧急工程与抗疫工程（指政府要求停工期间施工的工程）	复工工程（疫情防控期间，允许复工后的一般工程）
10	甘肃	因停工造成的损失，发承包双方应按照法律法规、合同条款及"清单规范"有关规定，友好协商合理分担损失		疫情防控期间，人工单价和材料价格受疫情影响变化幅度较大，合同中有约定调整方法的，按照合同约定执行，合同中未约定调整方法的，发承包双方应根据实际情况，及时签证按实调整，或签订补充协议重新约定
11	宁夏	将疫情明确设定为《建设工程施工合同》和《合同法》中所列明的不可抗力		
12	浙江	1. 受疫情影响造成承包方停工损失，应根据合同约定执行；如合同没有约定或约定不明的，双方应基于合同计价模式、风险承担范围、损失大小、采取的应急措施等因素，合理分担损失并签订补充协议。停工期间工程现场必须管理的费用由发包方承担； 2. 对于复（开）工人员按疫情防控要求需要隔离观察的，在隔离期间发生的住宿费、伙食费、管理费等由发承包双方协商合理分担		因疫情防控导致人工价格重大变化的，发承包双方应按合同约定的调整方式、风险幅度和风险范围执行。相应调整方式在合同中没有约定或约定不明确的，发承包双方可根据实际情况和情势变更，依据《浙江省建设工程计价规则》（2018版）5.0.5款规定"5%以内的人工和单项材料价格风险由承包方承担，超出部分由发包方承担"的原则合理分担风险，并签订补充协议。合同虽约定不调整的，考虑疫情影响，发承包双方可参照上述原则协商调整

续表

序号	名称	人 工 费		
		停工及疫情防控隔离待工人员	紧急工程与抗疫工程（指政府要求停工期间施工的工程）	复工工程（疫情防控期间，允许复工后的一般工程）
13	江苏	1. 因新冠肺炎疫情防控造成的损失和费用增加，适用合同不可抗力相关条款规定。合同没有约定或约定不明的，可以以《建设工程工程量清单计价规范》GB 50500—2013 第 9.10 条不可抗力的相关规定为依据，并执行以下具体原则； 2. 隔离观察期间的工人工资，经发包人签证认价后，作为总价措施项目费由发包人承担	在我省自 2020 年 1 月 24 日 24 时启动突发公共卫生事件一级响应至疫情防控允许建筑施工企业复工前施工的应急建设项目，期间完成的工程量，结算人工工日单价可参照法定节假日加班费规定计取。施工合同中对新冠肺炎疫情防控期间人工费用计算有明确约定的按合同约定执行	对受新冠肺炎疫情影响，可能发生的人工价格的波动，发承包双方应按照合同约定的价款调整的相关条款执行。合同没有约定或约定不明的，由发承包双方根据工程实际情况签订补充协议，合理确定价格调整办法
14	贵州	对新型冠状病毒引发肺炎疫情直接导致施工企业停工停产，由此造成的损失、费用增加，合同有约定的严格按照合同执行，合同没有约定的，按《建设工程工程量清单计价规范》GB 50500—2013 中第 9.10 条不可抗力规定的原则，由发承包双方协商解决分别承担，并免除因不可抗力导致的工期延误的违约责任。合同双方根据工程实际情况及市场因素，按情势变更原则，签订补充协议，合理确定风险承担及调整办法		发承包双方在合同中应充分考虑人工、材料、机械费用等可能的变化因素，按公平和风险分担原则，明确风险内容及其范围（幅度），合理签订工程计价条款，避免签约后在合同履行阶段出现争议

序号	名称	人工费		
		停工及疫情防控隔离待工人员	紧急工程与抗疫工程（指政府要求停工期间施工的工程）	复工工程（疫情防控期间，允许复工后的一般工程）
15	江西	因疫情防控造成的损失和费用增加，适用合同不可抗力相关条款规定。合同没有约定或约定不明的，可以以《建设工程工程量清单计价规范》GB 50500—2013 第9.10 条不可抗力的相关规定为依据	在我省自 2020 年 1 月 24 日启动突发公共卫生事件一级响应至疫情防控允许建筑施工企业复工前施工的应急建设项目，期间完成的工程量，结算人工工日单价时可参照国家法定节假日加班费规定计取。施工合同中对新冠肺炎疫情防控期间人工费用计算有明确约定的按合同约定执行	对受疫情影响，可能发生的工程施工项目人工、建筑材料、机械设备价格的波动，发承包双方应按照合同约定的价款调整的相关条款执行。合同没有约定或约定不明的，建筑材料的价格可按《关于加强建设工程建筑材料价格动态管理工作的通知》（赣建办〔2008〕27 号）规定的价差范围进行调整，价格变化幅度在 10% 以内的不作调整，价格变化幅度超出 10% 的，超出部分给予调整；人工、机械设备的价格可由发承包双方根据工程实际情况协商并签订补充协议，合理确定价格调整办法
16	海南	疫情防控期间在建、复工、未复工的项目，费用调整按照法律法规及合同条款，按照不可抗力有关规定及约定合理分担损失		因疫情影响，建筑工人短缺，人工单价变化幅度较大，承发包双方应本着实事求是的原则，及时做好建筑工人实名登记和市场工资的调查，疫情防控期间完成的工程量，其人工费可由承发包双方签证确认并按实调整
17	湖南	疫情防控期间未复工的项目，费用调整按照法律法规及合同条款，按照不可抗力有关规定及约定合理分担损失		因疫情影响，建筑工人短缺，工资变化幅度较大，承发包双方应本着实事求是的原则，及时做好建筑工人实名登记和市场工资的调查，疫情防控期间完成的工程量，其人工费可由承发包双方签证确认并按实调整

续表

序号	名称	人 工 费		
		停工及疫情防控隔离待工人员	紧急工程与抗疫工程（指政府要求停工期间施工的工程）	复工工程（疫情防控期间，允许复工后的一般工程）
18	云南	疫情防控期间在建项目复工、未复工的项目，费用调整按照法律法规及合同条款，参照不可抗力有关规定及约定合理分担		因疫情影响，建筑工人短缺，工资变化幅度较大，承发包双方应本着实事求是的原则，及时做好建筑工人市场工资调查，疫情防控期间完成的工程量，其人工费可由承发包双方签证确认并按实调整
19	广西	1. 此次新冠肺炎疫情为重大突发公共卫生事件，属于不可预见、不可避免且不可克服的不可抗力事件，由此造成的损失和工程建设项目费用增加，应按照施工合同约定的不可抗力相关条款执行。施工合同未约定或约定不明的，应按照《中华人民共和国合同法》以及《建设工程工程量清单计价规范》GB 50500—2013 第 9.10 条"不可抗力"的相关规定执行； 2. 按规定支付的隔离观察期间的工人工资由发包人承担，具体由发承包双方根据实际发生的费用签证确认，列入总价措施项目费内	应急抢建工程的建筑安装工程费可采用成本加酬金的方式计列。包含现场生产工人、现场管理人员、现场被依法隔离人员人工费	疫情防控期间及后续复工阶段，对于在建工程可能发生的人工价格的上涨，发承包双方应按施工合同约定的价款调整的相关条款执行。如施工合同未约定或约定不明或在合同中明确约定不允许调整的，发承包双方可参照合同情势变更，按照"5%以内的人工和单项材料设备价格风险由承包方承担，超出部分由发包方承担"的原则签订补充协议，合理分担风险
20	青海	疫情防控期间未复工或工期顺延的项目，费用调整根据法律法规及合同条款，按照不可抗力有关规定及约定合理分担损失		因疫情影响，建筑工人短缺，工资变化幅度较大，发承包双方应本着实事求是的原则，予以调整。合同约定不调整的，发承包双方应依据工程实际情况，按情势变更原则，通过签订补充协议重新约定

续表

序号	名称	人 工 费		
		停工及疫情防控隔离待工人员	紧急工程与抗疫工程（指政府要求停工期间施工的工程）	复工工程（疫情防控期间，允许复工后的一般工程）
21	湖北	疫情防控期间未复工的项目，合同价格调整按照法律法规及合同条款，参照不可抗力有关规定及约定合理分担损失	疫情防控期间，应急抢险工程可采取成本加酬金的计价方式。成本计算按发承包单位、监理单位、造价跟踪审核单位所收集、审核后的人工的数量和价格计算，酬金发承包双方协商确定。施工前或施工中有约定的从其约定	疫情防控期间，建筑工人短缺，导致人工单价变化幅度较大，发承包双方应及时做好建筑工人实名登记和市场人工价格统计。疫情防控期间完成的工程量，人工费可由承发包双方签证确认，按实际上涨幅度调整，调整部分只计取增值税
22	四川			对疫情防控期间复工的项目，如产生人工单价变化幅度较大以及原材料供应、人工与机械调配等原因造成降效时，发承包双方应本着实事求是的原则，对人工单价上涨部分及降效费用，可由发承包双方签订补充协议据实调整
23	广东	因受疫情影响而停工期间产生的各项费用，应按照法律法规、合同条款及《建设工程工程量清单计价规范》GB 50500—2013 第 9.10 条不可抗力的有关规定，由发承包双方合理分担		疫情防控期间的人工价格，有合同约定的按照合同约定进行调整，没有合同约定的按《建设工程工程量清单计价规范》GB 50500—2013 进行调整
24	安徽	疫情影响属于合同约定中的不可抗力情形		受疫情影响，导致人工价格波动较大，且合同履行会导致显失公平时，发承包双方可按照《建设工程工程量清单计价规范》GB 50500—2013，合理分担价格风险并签订补充协议

续表

序号	名称	人 工 费		
		停工及疫情防控隔离待工人员	紧急工程与抗疫工程（指政府要求停工期间施工的工程）	复工工程（疫情防控期间，允许复工后的一般工程）
25	河南	1. 建设工程施工合同对不可抗力有明确约定的按照合同执行；建设工程施工合同误约定的，按《建设工程工程量清单计价规范》GB 50500—2013 不可抗力相关规定执行。 2. 因疫情防控确需隔离的人员工资按工程所在地最低工资标准的 1.3 倍计取		疫情防控期间完成工程量的人工费，由发承包双方根据建筑市场实际情况，双方签证确认据实调整
26	新疆	疫情影响的停工项目，按照合同约定和法律法规关于不可抗力的规定，合理分担损失费用		因疫情影响人工价格变化导致工程价款变化的，合同中有约定调整方法的，按照合同约定执行，合同中未约定调整方法的，发承包双方应本着客观公正、实事求是的原则，及时做好市场调查测算，合理确定调整办法
27	上海	1. 因疫情造成停工损失以及成本增加的，合同有约定的，按照合同约定处理；合同未约定或者约定不明确的，合同双方按照公平原则合理分担。 2. 因疫情防控，复（开）工人员需要隔离观察的，隔离期间所发生的费用由发包人与承包人协商合理分担		因疫情产生的停工期间费用，以及人工价格上涨等，导致合同履行困难的，可参照《上海市建设工程工程量清单计价应用规则》的有关规定，由双方协商签署补充协议

说明：上述内容或因文件收集不全面，以及对文件的理解不够深入，难免有些疏漏，请大家全面收集当地文件，阅读原文及其释义。

三、各地关于新冠疫情事件工程造价调整情况对比分析表（材料费）

序号	名称	材 料 费		停工材料损失
		紧急工程与抗疫工程材料费调整（指政府要求停工期间施工的工程）	复工工程材料费调整（疫情仍在防控期间，允许复工后的一般工程）	
1	住房和城乡建设部	因疫情造成的建材价格上涨成本，发承包双方要加强协商沟通，按照合同约定的调价方法调整合同价款		
2	北京		受疫情影响造成材料（设备）价格异常波动的，由发承包双方根据实际材料（设备）的市场价格确定相应的价差，发承包双方应当及时进行认价、办理同期记录并签证，作为结算价差的依据	
3	天津		因疫情造成的建材价格成本上涨，发承包双方要加强协商沟通，按照合同约定的调价方法调整合同价款	
4	重庆	疫情防控期间，按政府有关要求施工的应急、抢险建设项目，在此期间采购的材料及物资，发承包双方可根据实际采购情况及时签证并按实计算	疫情防控期间，如出现材料价格大幅波动，合同有相关调整约定的，发承包双方应按合同约定处理；合同约定不调整的，发承包双方可根据工程实际情况，重新协商确定材料价格调整办法；合同中未进行约定或者约定不具体的，材料价格可按照《重庆市城乡建设委员会关于进一步加强建筑安装材料价格风险管控的指导意见》（渝建〔2018〕61号）的相关规定进行调整	

续表

序号	名称	材料费		停工材料损失
		紧急工程与抗疫工程材料费调整（指政府要求停工期间施工的工程）	复工工程材料费调整（疫情仍在防控期间，允许复工后的一般工程）	
5	黑龙江	疫情防控期间，施工企业按照当地政府指令紧急新建或改建疫情防控医疗应急建设项目（如新冠肺炎患者集中收治医院）的造价，合同有约定的，按合同约定执行；合同没有约定或约定不明的，发承包双方可根据工程实际情况进行签证，据实结算	疫情防控期间开（复）工项目，受疫情影响导致建筑材料价格异常上涨的，承发包双方应本着实事求是的原则，及时签订补充合同，确定相应调整方法	
6	辽宁		因疫情影响，导致材料价格波动，发承包双方应根据我省建设工程计价依据的相关规定，结合实际，签订疫情期间价格调整的补充协议，约定价格调整的范围、幅度等内容，作为工程造价计价调整依据	
7	山东		疫情防控期间材料价格发生变化，按照《山东省住房和城乡建设厅关于加强工程建设人工材料价格风险控制的意见》（鲁建标字〔2019〕21号）有关规定调整工程造价。合同约定不调整的，疫情防控期间内适用情势变更原则，按照上述文件合理分担风险	
8	山西		疫情防控期间在建项目已复工，施工时必须按照工程所在地政府疫情防控规定组织施工，因此发生的材料价格变化等导致工程价款的变化，发承包双方应另行签订补充协议	

续表

序号	名称	材料费		停工材料损失
		紧急工程与抗疫工程材料费调整（指政府要求停工期间施工的工程）	复工工程材料费调整（疫情仍在防控期间，允许复工后的一般工程）	
9	陕西		疫情防控期间，建设工程确需要施工的，应加强防护措施，保证人员安全，防止疫情传播，施工企业必须严格按照工程所在地政府疫情防控规定组织施工，承发包双方根据合同约定及相关规定，本着实事求是的原则协商解决，材料导致工程价款变化，应另行签订补充协议	
10	甘肃		材料价格受疫情影响变化幅度较大时，合同中有约定调整方法的，按照合同约定执行，合同中未约定调整方法的，发承包双方应根据实际情况，及时签证按实调整或签订补充协议重新约定	
11	宁夏			
12	浙江		因疫情防控导致材料价格重大变化的，发承包双方应按合同约定的调整方式、风险幅度和风险范围执行。相应调整方式在合同中没有约定或约定不明确的，发承包双方可根据实际情况和情势变更，依据《浙江省建设工程计价规则》（2018版）5.0.5款规定"5%以内的人工和单项材料价格风险由承包方承担，超出部分由发包方承担"的原则合理分担风险，并签订补充协议。合同虽约定不调整的，考虑疫情影响，发承包双方可参照上述原则协商调整	停工期间必要的周转材料费用由发承包双方协商合理分担

续表

序号	名称	材 料 费		停工材料损失
		紧急工程与抗疫工程材料费调整（指政府要求停工期间施工的工程）	复工工程材料费调整（疫情仍在防控期间，允许复工后的一般工程）	
13	江苏		对受新冠肺炎疫情影响，可能发生的材料设备价格的波动，发承包双方应按照合同约定的价款调整的相关条款执行。合同没有约定或约定不明的，由发承包双方根据工程实际情况签订补充协议，合理确定价格调整办法	受新冠肺炎疫情防控影响，工程延期复工或停工期间，承包人在施工场地的周转材料和临时设施摊销费用增加等停工损失由承包人承担
14	贵州		在疫情防控期间以及疫情防控解除后一段时间内，如遇建筑材料需求增加，引起设备、材料价格大幅上涨，发承包双方应根据工程实际情况及市场因素，按《省住房城乡建设厅关于加强建设工程材料价格风险控制的指导意见》（黔建建字〔2019〕150号）有关规定执行	
15	江西		停工受疫情防控影响，工程延期复工或停工期间，承包人在施工场地的施工机械设备损坏及机械停滞台班、周转材料和临时设施摊销费用增加等停工损失由承包人承担	受新冠肺炎疫情防控影响，工程延期复工或停工期间，承包人在施工场地的周转材料和临时设施摊销费用增加等停工损失由承包人承担
16	海南		因疫情影响，导致材料价格重大变化，相应调整方式在合同中没有约定的，建设单位和施工企业、工程总承包企业可根据实际情况，依据《建设工程工程量清单计价规范》GB 50500—2013 中 9.8.2 条规定的原则合理分担风险	

序号	名称	材料费		停工材料损失
		紧急工程与抗疫工程材料费调整（指政府要求停工期间施工的工程）	复工工程材料费调整（疫情仍在防控期间，允许复工后的一般工程）	
17	湖南		因疫情影响，导致材料价格异常波动，承发包双方应根据实际情况及时签证并按实调整	
18	云南		因疫情影响，导致材料价格异常波动，承发包双方应根据实际情况及时签证并按实调整	
19	广西	应急抢建工程的建筑安装工程费可采用成本加酬金的方式计列，材料费包含施工材料和防疫物资费等	对于在建工程可能发生的材料、设备价格的上涨，发承包双方应按照施工合同约定的价款调整的相关条款执行。如施工合同未约定或约定不明或在合同中明确约定不允许调整的，发承包双方可参照合同情势变更，按照"5%以内的人工和单项材料设备价格风险由承包方承担，超出部分由发包方承担"的原则签订补充协议，合理分担风险	因疫情防控，工程延期复工期间已运至施工场地用于施工的材料和待安装的设备的损失（损坏），应由发包人承担
20	青海		因疫情影响，导致材料价格异常波动，合同中有约定材料调整方法的，按照合同约定执行。如原合同中约定不调整或未约定材料价格调整办法，发承包双方应根据工程实际情况及市场因素，按情势变更原则，签订补充协议，或按照"5%以内材料价格风险承包方承担，超出部分发包人承担"的原则，合理确定材料价格调整办法	

续表

序号	名称	材料费		停工材料损失
		紧急工程与抗疫工程材料费调整（指政府要求停工期间施工的工程）	复工工程材料费调整（疫情仍在防控期间，允许复工后的一般工程）	
21	湖北	疫情防控期间，应急抢险工程可采取成本加酬金的计价方式。成本计算按发承包单位、监理单位、造价跟踪审核单位所收集、审核后的材料的数量和价格计算，酬金发承包双方协商确定。施工前或施工中有约定的从其约定	疫情防控期间，导致材料价格异常波动，发承包双方可根据实际情况签证确认，按实际上涨幅度调整，调整部分应计取增值税	
22	四川		对疫情防控期间复工的项目，因疫情影响，导致材料价格异常波动，发承包双方可根据实际情况，签订补充协议据实调整	
23	广东		疫情防控期间上涨幅度超过 5% 的材料价格，有合同约定的按照合同约定进行调整，没有合同约定的按《建设工程工程量清单计价规范》GB 50500—2013 进行调整	
24	安徽		受疫情影响，导致材料、工程设备价格波动较大，且合同履行会导致显失公平时，发承包双方可按照《建设工程工程量清单计价规范》GB 50500—2013，合理分担价格风险并签订补充协议	
25	河南		根据发承包双方建设工程施工合同约定，参照《河南省住房和城乡建设厅关于加强建筑材料计价风险管控的指导意见》（豫建科〔2019〕282 号）执行	

续表

序号	名称	材料费		
		紧急工程与抗疫工程材料费调整（指政府要求停工期间施工的工程）	复工工程材料费调整（疫情仍在防控期间，允许复工后的一般工程）	停工材料损失
26	新疆		因疫情影响材料价格变化导致工程价款变化的，合同中有约定调整方法的，按照合同约定执行，合同中未约定调整方法的，发承包双方应本着客观公正、实事求是的原则，及时做好市场调查测算，合理确定调整办法	
27	上海		因疫情产生的停工期间费用，以及材料价格上涨等，导致合同履行困难的，可参照《上海市建设工程工程量清单计价应用规则》的有关规定，由双方协商签署补充协议	

说明：上述内容或因文件收集不全面，以及对文件的理解不够深入，难免有些疏漏，请大家全面收集当地文件，阅读原文及其释义。

四、各地关于新冠疫情事件工程造价调整情况对比分析表（机械费）

序号	名称	机械费		
		停工台班损失	紧急工程与抗疫工程降效费或消耗量调整、台班价格调整（指政府要求停工期间施工的工程）	复工工程降效费或消耗量调整、台班价格调整（疫情仍在防控期间，允许复工后的一般工程）
1	住房和城乡建设部			
2	北京			1. 机械费调整：受疫情影响造成施工机械等价格异常波动的，由发承包双方根据实际材料（设备）市场价格确定相应的价差，发承包双方应当及时进行认价、办理同期记录并签证，作为结算价差的依据。

续表

序号	名称	机 械 费		
		停工台班损失	紧急工程与抗疫工程降效费或消耗量调整、台班价格调整（指政府要求停工期间施工的工程）	复工工程降效费或消耗量调整、台班价格调整（疫情仍在防控期间，允许复工后的一般工程）
2	北京			2. 施工降效：因疫情防控措施要求导致机械设备施工降效增加的费用，由发承包双方根据实际情况协商确定；协商不能达成一致的，受疫情防控措施影响的机械消耗量可按照我市现行预算定额机械消耗量标准的 5% 调增，价格由发承包双方根据相关签证确定
3	天津			
4	重庆			
5	黑龙江		疫情防控期间，施工企业按照当地政府指令紧急新建或改建疫情防控医疗应急建设项目（如新冠肺炎患者集中收治医院）的造价，合同有约定的，按合同约定执行；合同没有约定或约定不明的，发承包双方可根据工程实际情况进行签证，据实结算	疫情防控期间开（复）工项目，受疫情影响导致机械台班价格异常上涨的，承发包双方应本着实事求是的原则，及时签订补充合同，确定相应调整方法
6	辽宁			因疫情影响，导致机械设备价格波动，发承包双方应根据我省建设工程计价依据的相关规定，结合实际，签订疫情期间价格调整的补充协议，约定价格调整的范围、幅度等内容，作为工程造价计价调整依据

续表

序号	名称	机械费		
		停工台班损失	紧急工程与抗疫工程降效费或消耗量调整、台班价格调整（指政府要求停工期间施工的工程）	复工工程降效费或消耗量调整、台班价格调整（疫情仍在防控期间，允许复工后的一般工程）
7	山东			
8	山西			疫情防控期间在建项目已复工，施工时必须按照工程所在地政府疫情防控规定组织施工，因此发生的机械台班价格变化等导致工程价款的变化，发承包双方应另行签订补充协议
9	陕西			疫情防控期间，建设工程确需要施工的，本着实事求是的原则协商解决，人工材料机械导致工程价款变化，应另行签订补充协议
10	甘肃			
11	宁夏			
12	浙江	停工期间必要的大型施工机械停滞台班费用由发承包双方协商合理分担		疫情防控期间复（开）工项目完成的工作量可计取施工降效费用，该费用由发包方承担。承包方应确定施工降效的内容并编制施工降效费用预算报发包方审查
13	江苏	受新冠肺炎疫情防控影响，工程延期复工或停工期间，承包人在施工场地的施工机械设备损坏及机械停滞台班等停工损失由承包人承担		对受新冠肺炎疫情影响，可能发生的机械价格的波动，发承包双方应按照合同约定的价款调整的相关条款执行。合同没有约定或约定不明的，由发承包双方根据工程实际情况签订补充协议，合理确定价格调整办法

续表

序号	名称	机 械 费		
		停工台班损失	紧急工程与抗疫工程降效费或消耗量调整、台班价格调整（指政府要求停工期间施工的工程）	复工工程降效费或消耗量调整、台班价格调整（疫情仍在防控期间，允许复工后的一般工程）
14	贵州			
15	江西	受疫情防控影响，工程延期复工或停工期间，承包人在施工场地的施工机械设备损坏及机械停滞台班等停工损失由承包人承担		对受疫情影响，可能发生的工程施工项目人工、建筑材料、机械设备价格的波动，发承包双方应按照合同约定的价款调整的相关条款执行。合同没有约定或约定不明的，建筑材料的价格可按《关于加强建设工程建筑材料价格动态管理工作的通知》（赣建办〔2008〕27号）规定的价差范围进行调整，价格变化幅度在10%以内的不作调整，价格变化幅度超出10%的，超出部分给予调整；人工、机械设备的价格可由发承包双方根据工程实际情况协商并签订补充协议，合理确定价格调整办法
16	海南			
17	湖南			
18	云南			
19	广西	因疫情防控，工程延期复工期间承包人在施工现场的施工机械设备损坏及停工损失由承包人承担	应急抢建工程的建筑安装工程费可采用成本加酬金的方式计列。包含机械台班费、机械进出场运输费等。如采用现行定额规定计列，则需增列施工降效费费用等	

序号	名称	机械费		
		停工台班损失	紧急工程与抗疫工程降效费或消耗量调整、台班价格调整（指政府要求停工期间施工的工程）	复工工程降效费或消耗量调整、台班价格调整（疫情仍在防控期间，允许复工后的一般工程）
20	青海			
21	湖北		疫情防控期间，应急抢险工程可采取成本加酬金的计价方式。成本计算按发承包单位、监理单位、造价跟踪审核单位所收集、审核后的机械台班的数量和价格计算，酬金发承包双方协商确定。施工前或施工中有约定的从其约定	
22	四川			
23	广东			
24	安徽			受疫情影响，导致机械台班价格波动较大，且合同履行会导致显失公平时，发承包双方可按照《建设工程工程量清单计价规范》GB 50500—2013，合理分担价格风险并签订补充协议
25	河南			
26	新疆			
27	上海			

说明：上述内容或因文件收集不全面，以及对文件的理解不够深入，难免有些疏漏，请大家全面收集当地文件，阅读原文及其释义。

五、各地关于新冠疫情事件工程造价调整情况对比分析表（措施费）

序号	名称	措施费	
		紧急工程与抗疫工程措施费（指政府要求停工期间施工的工程）	复工工程措施费（疫情仍在防控期间，允许复工后的一般工程）
1	住房和城乡建设部	因疫情防控增加的防疫费用，可计入工程造价	
2	北京		1. 疫情防控费：受疫情防控影响期间，根据国家和本市有关疫情防控规定增加的防疫物资、现场封闭隔离防护措施、通勤车辆和其他相关投入等发生的费用，发承包双方应当按照实际发生情况办理同期记录并签证，作为结算依据。 2. 赶工费：发包人要求赶工的，应符合本市相关规定，发承包双方应明确赶工费用，并签订补充协议
3	天津		因疫情防控增加的防疫费用，可计入工程造价
4	重庆		1. 疫情防控费：疫情防控期间复工的项目，承包人采取疫情防控措施发生的疫情防控物资、防控人员工资、交通费、临时设施等费用，根据项目疫情防控措施方案按实计算，发包人应及时支付疫情防控费用； 2. 赶工费：项目复工后发包人要求赶工的，承包人会同发包人制定合理的赶工措施方案，明确约定赶工费用的计取，赶工费用由发包人承担
5	黑龙江		疫情防控费：疫情防控期间新开工或结转复工的项目，按照《黑龙江省住房和城乡建设厅关于新冠肺炎疫情防控期间建筑工地开（复）工有关事项的通知》（黑建函〔2020〕23号）和属地政府疫情防控要求，承包方所发生的费用（如疫情防控期间需增加的口罩、酒精、消毒水、手套、体温检测器、电动喷雾器等疫情防护材料费和疫情防护临时设施费、防护人员费用）列入"新冠肺炎疫情防控专项费"。该费用在税前工程造价中单独计列，承发包双方应按实签证，计入工程结算

序号	名称	措施费	
		紧急工程与抗疫工程措施费（指政府要求停工期间施工的工程）	复工工程措施费（疫情仍在防控期间，允许复工后的一般工程）
6	辽宁		疫情防护费：建设工程在疫情防控未解除期间施工的，应加强防护措施，保证人员安全，防止疫情传播，施工企业必须严格按照工程所在地政府疫情防控规定组织施工。疫情防控未解除期间所需的口罩、手套、防护服、酒精、消毒水、体温检测器等疫情防护费用，隔离措施费用，及按照工程所在地政府相关部门要求，由工程项目施工方投入的负责疫情防控措施管理和落实专职人员所需费用，由发承包双方按实签证，计入工程造价，并确保疫情防护费及时足额支付
7	山东		1. 疫情防控费：疫情防控费是指疫情防控期间，施工需增加的口罩、酒精、消毒水、手套、体温检测器、电动喷雾器等疫情防护物资费用，防护人工费用。 2. 赶工费：疫情防控期间要求复工及疫情防控解除后复工的工程项目，如需赶工，赶工费用宜组织专家论证后，另行计算
8	山西		1. 疫情防控费：是指疫情防控期间，施工需增加的口罩、酒精、消毒水、手套、体温检测器、电动喷雾器等疫情防护物资费用，防护人工费用，因防护造成的施工降效及落实各项防护措施所产生的其他费用。 2. 赶工费：疫情防控期间要求复工及疫情防控解除后复工的项目，如需赶工，应明确赶工措施费用的计算方法
9	陕西		1. 疫情防控费：疫情防控期间，建设工程确需要施工的，应加强防护措施，保证人员安全，防止疫情传播，施工企业必须严格按照工程所在地政府疫情防控规定组织施工，承发包双方根据合同约定及相关规定，本着实事求是的原则协商解决，疫情防护措施导致工程价款变化，应另行签订补充协议。 2. 赶工费：疫情防控期间要求复工及疫情防控解除后复工的工程项目，如需赶工，赶工措施费用另行计算并明确赶工措施费用计算原则和方法

续表

序号	名称	措施费	
		紧急工程与抗疫工程措施费（指政府要求停工期间施工的工程）	复工工程措施费（疫情仍在防控期间，允许复工后的一般工程）
10	甘肃		1. 疫情防控费：防控用口罩、酒精、消毒水、手套、防护服、体温检测器、电动喷雾器等采购费应计入工程造价，在措施费中单独列项。 2. 赶工费：延误工期需赶工的项目，赶工补偿按《建设工程工程量清单计价规范》有关规定执行
11	宁夏		疫情防控费：将防疫期间施工单位在对应承接项目所产生的防疫成本列为工程造价予以全额追加
12	浙江		1. 疫情防控费：因疫情防控期间复（开）工增加的防疫管理（宣传教育、体温检测、现场消毒、疫情排查和统计上报等）、防疫物资（口罩、护目镜、手套、体温检测器、消毒设备及材料等）等费用，经签证可在工程造价中单列疫情防控专项经费，并按照每人每天40元的标准计取。该费用只计取增值税。发承包双方应做好施工现场人员名单的登记和签证工作。 2. 赶工费：因疫情引起工期顺延，发包方要求赶工而增加的费用，依据《浙江省建设工程计价规则》（2018版）8.4.5款规定由发包方承担。承包方应配合发包方要求，及时确定赶工措施方案和相关费用预算报发包方审核。赶工措施方案和相关费用已经考虑施工降效因素的不再另行计取施工降效费用
13	江苏		1. 工程清理、修复费：受新冠肺炎疫情防控影响，工程延期复工或停工所发生的工程清理、修复费用增加，由发包人承担。 2. 赶工费：赶工天数超出剩余工期10%的必须编制专项施工方案，明确相关人员、经费、机械和安全等保障措施，并经专家论证后方可实施，严禁盲目赶工期、抢进度。相应的赶工费用由发包人承担。 3. 疫情防控费：工程复工前疫情防控准备及复工后施工现场疫情防控的费用支出，包括按规定支付的隔离观察期间的工人工资，由承包人向发包人提供疫情防控方案，经发包人签证认价后，作为总价措施项目费由发包人承担

续表

序号	名称	措　施　费	
		紧急工程与抗疫工程措施费（指政府要求停工期间施工的工程）	复工工程措施费（疫情仍在防控期间，允许复工后的一般工程）
14	贵州		1. 新签合同造价：疫情防控期间，新签合同应将防疫成本计入工程价款。 2. 已执行合同价款调整。在疫情防控期间，施工单位按照经确认的新型冠状病毒肺炎防控工作方案，在对应承建项目所产生的防疫成本，由甲乙双方按实签证，计入工程价款，全额予以追加
15	江西		1. 工程清理、修复费：受疫情防控影响，工期延期复工或停工所发生的工程清理、修复费用增加，由发包人承担。 2. 赶工费：赶工天数超出剩余工期10%的必须编制专项施工方案，明确相关人员、赶工经费、机械和安全等保障措施，并经专家论证后方可实施，严禁盲目赶工期、抢进度，相应的赶工费由发包人承担。 3. 疫情防控费：对受疫情影响，可能发生的工程施工项目人工、建筑材料、机械设备价格的波动，发承包双方应按照合同约定的价款调整的相关条款执行。合同没有约定或约定不明的，建筑材料的价格可按《关于加强建设工程建筑材料价格动态管理工作的通知》（赣建办〔2008〕27号）规定的价差范围进行调整，价格变化幅度在10%以内的不作调整，价格变化幅度超出10%的，超出部分给予调整；人工、机械设备的价格可由发承包双方根据工程实际情况协商并签订补充协议，合理确定价格调整办法
16	海南		1. 疫情防护费：疫情防护费归属于工程造价的措施项目费用中，只参与计取税金。疫情防控未解除期间，复工需增加的口罩、酒精、消毒水、手套、体温检测器、电动喷雾器等疫情防护物质费用和防护人员费用，由承发包双方按实签证，进入结算，疫情防护费应及时足额支付。 2. 赶工费：疫情防控期间要求复工及疫情防控解除后复工的工程项目，如需赶工，赶工措施费另行计算并应明确赶工措施费计算原则和方法

续表

序号	名称	措施费	
		紧急工程与抗疫工程措施费（指政府要求停工期间施工的工程）	复工工程措施费（疫情仍在防控期间，允许复工后的一般工程）
17	湖南		1. 疫情防护费：疫情防控未解除期间，复工需增加的口罩、酒精、消毒水、手套、体温检测器、电动喷雾器等疫情防护物质费用和防护人员费用，由承发包双方按实签证，进入结算，疫情防护费应及时足额支付。 2. 赶工费：疫情防控期间要求复工及疫情防控解除后复工的工程项目，如需赶工，应明确赶工费用的计取
18	云南		1. 疫情防护费：疫情防控未解除期间，复工需增加的口罩、酒精、消毒水、手套、体温检测器、电动喷雾器等疫情防护物质费用和防护人员费用，由承发包双方按实签证，进入结算，疫情防护费应及时足额支付。 2. 赶工费：疫情防控期间要求复工及疫情防控解除后复工的工程项目，如需赶工，应明确赶工费用的计取
19	广西	应急抢建工程的建筑安装工程费可采用成本加酬金的方式计列。如采用现行定额规定计列，则需增列赶工措施费以及各类防疫费用等	1. 赶工费：工程复工后，发包人要求赶工的，应在确保工程质量和安全的前提下，由承包人提出赶工方案，经发包人和监理人确认后实施，必要时需经专家论证，严禁盲目赶工期、抢进度，相应的赶工费用由发包人承担。 2. 疫情防控费：工程复工前的疫情防控准备及复工后施工现场疫情防护所发生的费用（包括按规定支付的隔离观察期间的工人工资）由发包人承担，具体由发承包双方根据实际发生的费用签证确认，列入总价措施项目费内。 3. 工程清理、修复费：因疫情防控，工程延期复工所发生的工程清理、修复费用，由发包人承担
20	青海		1. 疫情防护费：疫情防控未解除期间，工程项目开工复工后，施工企业应对疫情防控采取完善工地封闭式管理、完善人员防控及隔离、卫生消杀防护、日常监测排查等措施所产生的防疫费用，由发承包双方按实签证予以结算，列入工程造价，发包方应加快工程款支付，确保防疫专项费用及时足额支付。

序号	名称	措 施 费	
		紧急工程与抗疫工程措施费（指政府要求停工期间施工的工程）	复工工程措施费（疫情仍在防控期间，允许复工后的一般工程）
20	青海		2. 赶工费：疫情防控期间要求复工及疫情防控解除后复工的工程项目，若发包方要求赶工，赶工措施费由发包人承担，须发承包双方另行计算并明确赶工措施费计算原则和方法
21	湖北		1. 疫情防控费：疫情防控期间，复工需增加的口罩、消毒液、防护手套、体温检测器等疫情防护物资费用和防护人员人工费用，由发承包双方按实签证，据实支付。 2. 赶工费：疫情防控期间要求复工和疫情防控解除后复工的工程项目，如需赶工，应明确赶工费用的计取，并签订补充协议
22	四川		疫情防控费：对疫情防控期间复工的项目，疫情防控措施超出现行文明施工、建筑施工现场环境和卫生标准增加的费用，主要包括疫情防控增加的人员工资、防控物资、交通费、临时设施等费用。承包人应会同发包人编制疫情防控措施方案据实计算，由发包人及时支付疫情防控措施增加的费用
23	广东		疫情防控费：疫情防控需增加的口罩、酒精、消毒水、手套、体温检测器、电动喷雾器等物资采购、疫情防控人工，以及被医学隔离观察的工人工资等费用，可计入工程造价，由承包人提交发包人签证认价后，由发包人承担
24	安徽		疫情防控费：建筑业企业制定的疫情防控方案经建设单位、监理单位和相关行业主管部门同意后，发承包双方应及时就产生的防疫成本办理工程签证，并在工程结算中予以认定。实行工程总承包的，发包方也应对防疫成本予以认定。疫情防控期间新开工的工程项目应在工程造价的措施项目费中增列防疫成本费
25	河南		疫情防控费：开复工后，施工企业用于疫情防控的体温检测仪器、设备、防护口罩、防护眼镜、消防用品、日常预防药品等用品用具以及用于隔离防护的消毒室、观察室、现场医疗室、食品安全保障、垃圾分类处理和清运等费用，根据发承包双方签证，据实计取

续表

序号	名称	措施费	
		紧急工程与抗疫工程措施费（指政府要求停工期间施工的工程）	复工工程措施费（疫情仍在防控期间，允许复工后的一般工程）
26	新疆		1. 疫情防控费：因疫情防控增加的防疫物资费用（包括口罩、酒精、消毒水、手套、体温检测器、电动喷雾器等物品费用）、防护人员费用等，由发承包双方按实签证，在税前工程造价中单独计列。发包方应确保及时支付。 2. 赶工费：因疫情影响引起工期延误，发包人要求赶工的项目，在确保工程质量和安全的前提下，发承包双方应提前约定赶工措施费计算原则和方法。相应的赶工费由发包人承担
27	上海		1. 疫情防控费：因疫情防控发生的口罩、测温计、消毒物品、临时隔离用房及其他防疫设施、防控人员费等用，可计入工程造价，在工程建设费用中单列。 2. 赶工费：发包人不得以工期紧张为由要求或者变相要求承包人未经报备、未落实防疫措施擅自复（开）工；不得为抢工期、赶进度而压缩合理工期。发包人确需在合理工期内赶工的，应当要求承包人按规定重新编制相关施工方案，确保工程质量和安全。因赶工所发生的费用由发包人承担

说明：上述内容或因文件收集不全面，以及对文件的理解不够深入，难免有些疏漏，请大家全面收集当地文件，阅读原文及其释义。

六、各地关于新冠疫情事件工程造价调整情况对比分析表（管理费）

序号	名称	管理费		
		停工留守管理人员工资	紧急工程与抗疫工程管理费（指政府要求停工期间施工的工程）	复工工程管理费（疫情仍在防控期间，允许复工后的一般工程）
1	住房和城乡建设部			
2	北京			疫情防控增加现场管理人员投入的费用，由发承包双方办理同期记录并签证，据实核算

续表

序号	名称	管理费		
		停工留守管理人员工资	紧急工程与抗疫工程管理费（指政府要求停工期间施工的工程）	复工工程管理费（疫情仍在防控期间，允许复工后的一般工程）
3	天津			
4	重庆			
5	黑龙江			
6	辽宁			
7	山东			因防护造成的施工降效及落实各项防护措施所产生的其他费用，根据工地施工人员和管理人员人数，按照每人每天40元的标准计取，列入疫情防控专项经费中，该费用只参与计取建筑业增值税
8	山西			工地施工管理人员人数，依照我省关于疫情防控分区和分级有关规定，按以下标准计取：低风险区每人每天30元，中风险区每人每天35元高风险每人每天50元。该费用只计取税金。因发包方提出复工要求的，承包方人员复工返岗时，所发生的交通费、差旅费，及抵达工地后按规定采取隔离措施而发生的费用，应以实结算
9	陕西			
10	甘肃			
11	宁夏			
12	浙江			对于复（开）工人员按疫情防控要求需要隔离观察的，在隔离期间发生的住宿费、伙食费、管理费等由发承包双方协商合理分担
13	江苏	留在施工场地的必要管理人员和保卫人员的费用由发包人承担		

续表

序号	名称	管 理 费		
		停工留守管理人员工资	紧急工程与抗疫工程管理费（指政府要求停工期间施工的工程）	复工工程管理费（疫情仍在防控期间，允许复工后的一般工程）
14	贵州			
15	江西	留在施工场地的必要管理人员和保卫人员的费用由发包人承担		
16	海南			
17	湖南			
18	云南			
19	广西	因疫情防控，工程延期复工期间按发包人要求留在施工场地的必要管理人员和保卫人员的费用由发包人承担，承包人应保留相应的费用支出凭证，经发包人确认后作为工程价款结算依据		
20	青海			
21	湖北			
22	四川			
23	广东			
24	安徽			
25	河南	疫情防控期间未开工的项目，工地现场看护、防控监督管理等人员按40元/（人·天）增加防疫经费		
26	新疆			
27	上海			

说明：上述内容或因文件收集不全面，以及对文件的理解不够深入，难免有些疏漏，请大家全面收集当地文件，阅读原文及其释义。

附录三

省级以上城乡建设主管部门关于工期与费用调整的指导意见

（文件统计截至 2020 年 3 月 29 日）

序号	执行范围	发文日期	发文单位	文件名称及文号	对应附件编号
1	全国	2020/2/26	中华人民共和国住房和城乡建设部办公厅	文件名称：住房和城乡建设部办公厅关于加强新冠肺炎疫情防控有序推动企业开复工工作的通知 文号：建办市〔2020〕5号	1
2	北京	2020/3/6	北京市住房和城乡建设委员会	文件名称：北京市住房和城乡建设委员会关于印发《关于受新冠肺炎疫情影响工程造价和工期调整的指导意见》的通知 文号：京建发〔2020〕55号	2
3	天津	2020/2/28	天津市住房和城乡建设委员会	文件名称：天津市住房城乡建设委关于做好疫情防控推动复工复产工作的实施意见 文号：津住建政务函〔2020〕27号	3
4	重庆	2020/2/25	重庆市住房和城乡建设委员会	文件名称：重庆市住房和城乡建设委员会关于全力做好疫情防控支持企业复产复工的通知 文号：渝建管〔2020〕19号	4
5	黑龙江	2020/2/21	黑龙江省住房和城乡建设厅	文件名称：黑龙江省住房和城乡建设厅关于支持工程项目建设有关措施的通知 文号：黑建函〔2020〕31号	5
6	辽宁	2020/2/20	辽宁省住房和城乡建设厅	文件名称：关于支持建设工程项目疫情防控期间开复工有关政策的通知 文号：辽住建〔2020〕12号	6
7	河北	2020/2/16	河北省住房和城乡建设厅	文件名称：关于加强新冠肺炎疫情防控积极推动建设项目开（复）工的通知 文号：冀建质安函〔2020〕30号	7

续表

序号	执行范围	发文日期	发文单位	文件名称及文号	对应附件编号
8	山东	2020/2/17	山东省住房和城乡建设厅	文件名称：山东省住房和城乡建设厅关于新型冠状病毒肺炎疫情防控期间建设工程计价有关事项的通知 文号：鲁建标字〔2020〕1号	8
9	山西	2020/2/20	山西省住房和城乡建设厅	文件名称：关于新型冠状病毒肺炎疫情防控期间建设工程计价有关工作的通知（第15号） 文号：晋建标字〔2020〕15号	9
		2020/2/26	山西省住房和城乡建设厅	文件名称：山西省住房和城乡建设厅关于新型冠状病毒肺炎疫情防控期间建设工程计价有关工作的补充通知（第20号） 文号：晋建标字〔2020〕20号	10
10	陕西	2020/2/14	陕西省住房和城乡建设厅	文件名称：关于新型冠状病毒肺炎疫情防控期间建设工程计价有关的通知 文号：陕建发〔2020〕34号	11
11	甘肃	2020/2/17	甘肃省住房和城乡建设厅	文件名称：甘肃省住房和城乡建设厅关于新冠肺炎疫情防控期间支持住建行业企业稳定发展的实施意见 文号：甘建发电〔2020〕10号	12
		2020/2/20	甘肃省住房和城乡建设厅	文件名称：甘肃省住房和城乡建设厅关于印发《甘肃省住建行业企业复工复产疫情防控指导方案》的通知 文号：甘建发电〔2020〕11号	13
12	宁夏	2020/2/18	宁夏回族自治区住房和城乡建设厅	文件名称：自治区住房和城乡建设厅关于做好疫情防控期间全区建筑施工领域开（复）工有关工作的通知 文号：宁建（建）发〔2020〕7号	14
13	浙江	2020/2/22	浙江省建设工程造价管理总站	文件名称：关于印发新冠肺炎疫情防控期间有关建设工程计价指导意见的通知 文号：浙建站定〔2020〕5号	15

序号	执行范围	发文日期	发文单位	文件名称及文号	对应附件编号
13	浙江	2020/3/24	浙江省建设工程造价管理总站	文件名称：关于调整疫情防控专项费用计取标准的通知 文号：浙建站定〔2020〕8号	16
14	江苏	2020/2/14	江苏省住房和城乡建设厅	文件名称：江苏省住房城乡建设厅关于新冠肺炎疫情影响下房屋建筑与市政基础设施工程施工合同履约及工程价款调整的指导意见 文号：苏建价〔2020〕20号	17
15	贵州	2020/2/18	贵州省住房和城乡建设厅	文件名称：关于应对新冠肺炎疫情防控期间支持建筑企业复工复产若干措施的通知 文号：黔建建字〔2020〕24号	18
16	江西	2020/2/24	江西省住房和城乡建设厅	文件名称：关于新冠肺炎疫情引起的房屋建筑与市政基础设施工程施工合同履约及工程价款问题调整的若干指导意见 文号：赣建价〔2020〕2号	19
17	海南	2020/2/24	海南省住房和城乡建设厅	文件名称：海南省住房和城乡建设厅关于新冠肺炎疫情期间建设工程计价有关事项的通知	20
18	湖南	2020/2/16	湖南省住房和城乡建设厅	文件名称：湖南省住房和城乡建设厅关于新冠肺炎疫情防控期间建设工程计价有关事项的通知 文号：湘建价函〔2020〕7号	21
19	云南	2020/2/15	云南省住房和城乡建设厅	文件名称：云南省住房和城乡建设厅关于新冠肺炎疫情控制期间建设工程造价计价有关事项的通知 文号：云建科函〔2020〕5号	22
20	广西	2020/2/21	广西壮族自治区住房和城乡建设厅	文件名称：自治区住房城乡建设厅关于新冠肺炎疫情防控期间建设工程计价的指导意见 文号：桂建发〔2020〕1号	23

续表

序号	执行范围	发文日期	发文单位	文件名称及文号	对应附件编号
21	青海	2020/2/22	青海省住房和城乡建设厅	文件名称：青海省住房和城乡建设厅关于新冠肺炎疫情防控期间建设工程计价有关事项的通知 文号：青建工〔2020〕39号	24
22	湖北	2020/2/24	湖北省住房和城乡建设厅	文件名称：关于新冠肺炎疫情防控期间建设工程计价管理的指导意见	25
23	四川	2020/2/14	四川省住房和城乡建设厅	文件名称：四川住房和城乡建设厅关于加强疫情防控积极推进建设工程项目复工的通知	26
24	广东	2020/3/3	广东省住房和城乡建设厅	文件名称：广东省住房和城乡建设厅关于精准施策支持建筑业企业复工复产若干措施的通知 文号：粤建市函〔2020〕28号	27
25	安徽	2020/2/28	安徽省住房和城乡建设厅	关于统筹推进疫情防控有序推动企业复工开工的通知 文号：建市〔2020〕16号	28
26	河南	2020/2/27	河南省住房和城乡建设厅	文件名称：河南省住房和城乡建设厅关于新冠肺炎疫情防控期间工程计价有关事项的通知 文号：豫建科〔2020〕63号	29
27	新疆	2020/3/19	新疆维吾尔自治区住房和城乡建设厅	文件名称：关于应对新冠肺炎疫情影响 做好我区建设工程计价有关工作的通知 文号：新建标〔2020〕1号	30
28	上海	2020/3/17	上海市住房和城乡建设管理委员会	文件名称：上海市住房和城乡建设委员会关于印发《关于新冠肺炎疫情影响下本市建设工程合同履行的若干指导意见》的通知 文号：沪建法规联〔2020〕87号	31

具体文件见附件1～附件31。

附件1

住房和城乡建设部办公厅关于加强新冠肺炎疫情防控有序推动企业开复工工作的通知

建办市〔2020〕5号

各省、自治区住房和城乡建设厅，直辖市住房和建设（管）委，新疆生产建设兵团住房和城乡建设局，有关行业协会，有关中央企业：

为深入贯彻习近平总书记在统筹推进新冠肺炎疫情防控和经济社会发展工作部署会议上的重要讲话精神，认真落实党中央、国务院有关决策部署，加强房屋建筑和市政基础设施工程领域疫情防控，有序推动企业开复工，现就有关事项通知如下：

一、牢固树立大局意识，有序推动企业开复工

（一）分区分级推动企业和项目开复工。地方各级住房和城乡建设主管部门要增强"四个意识"、坚定"四个自信"、做到"两个维护"，切实提高政治站位，在地方党委和政府统一领导下，根据本地疫情防控要求，开展企业经营和工程项目建设整体情况摸排，加强分类指导，以县（市、区、旗）为单位，有序推动企业和项目开复工。低风险地区要全面推动企业和工程项目开复工，中风险地区要有序推动企业和工程项目分阶段、错时开复工，高风险地区要确保在疫情得到有效防控后再逐步有序扩大企业开复工范围。涉及疫情防控、民生保障及其他重要国计民生的工程项目应优先开复工，加快推动重大工程项目开工和建设，禁止搞"一刀切"。

（二）切实落实防疫管控要求。地方各级住房和城乡建设主管部门要积极与地方卫生健康主管部门、疾控部门加强统筹协调，根据实际情况制定出台建设工程项目疫情防控和开复工指南，重点对企业组织管理、人员集聚管理、人员排查、封闭管理、现场防疫物资储备、卫生安全管理、应急措施等方面提出明确要求，细化疫情防控措施，协助企业解决防控物资短缺等问题。强化企业主体责任，明确已开复工项目施工现场各方主体职责，严格落实各项防疫措施，切实保障企业开复工后不发生重大疫情事项，全力服务国家疫情防控大局。

（三）加强施工现场质量安全管理。地方各级住房和城乡建设主管部门要加强开复工期间工程质量安全监管工作，加强风险研判，制定应对措施，创新监管模式，严防发生质量安全事故。对近期拟开复工项目，简化工程质量安全相关程序要求，优化工程质量安全相关手续办理流程，鼓励实行告知承诺制，加强事后监管，可以允许疫情解除后再补办有关手续。对工程项目因疫情不能返岗的管理人员，允许企业安排执有相应资格证书的其他人员暂时顶岗，加快工程项目开复工。督促企业落实安全生产主体责任，加强工程项目开复工前安全生产条件检查，重点排查深基坑、起重机械、高支模以及城市轨道交通工程等危险性较大的分部分项工程安全隐患，强化进场人员开复工前质量安全、卫生防疫等交底，对准备工作不充分、防范措施不落实、隐患治理不到位的工程项目，严禁擅自开复工。督促工程建设单位切实保障工程项目合理工期，严禁盲目抢工期、赶进度等行为。

二、加大扶持力度，解决企业实际困难

（四）严格落实稳增长政策。地方各级住房和城乡建设主管部门要会同有关部门建立企业应对疫情专项帮扶机制，认真贯彻落实国家有关财税、金融、社保等支持政策，指导企业用足用好延期缴纳或减免税款、阶段性缓缴或适当返还社会保险费、减免房屋租金、加大职工技能培训补贴等优惠政策。加快推动银企合作，鼓励商业银行对信用评定优良的企业，在授信额度、质押融资、贷款利率等方面给予支持，有效降低企业融资成本。大力推行工程担保，以银行保函、工程担保公司保函或工程保证保险替代保证金，减少企业资金占用。严格落实涉企收费清单制度，坚决制止各类乱收费、乱罚款和乱摊派等行为，切实降低企业成本费用。

（五）加强合同履约变更管理。疫情防控导致工期延误，属于合同约定的不可抗力情形。地方各级住房和城乡建设主管部门要引导企业加强合同工期管理，根据实际情况依法与建设单位协商合理顺延合同工期。停工期间增加的费用，由发承包双方按照有关规定协商分担。因疫情防控增加的防疫费用，可计入工程造价；因疫情造成的人工、建材价格上涨等成本，发承包双方要加强协商沟通，按照合同约定的调价方法调整合同价款。地方各级住房和城乡建设主管部门要及时做好跟踪测算和指导工作。

（六）加大用工用料保障力度。加强部门协调联动，积极帮助企业做好工人返岗、建筑材料及设备运输、防疫物资保障等工作。统筹推进建筑业产业链上下游协同复工，加强上下游配套企业沟通，协助企业解决集中复工可能带来的短期内原材料短缺或价格大幅上涨等问题。强化企业用工保障，做好农民工返岗复工点对点服务保障工作，指导农民工主要输出地和输入地做好人员返岗的对接和服务，鼓励采用点对点包车等直达运输方式，减少分散出行风险。开展建筑工地用工需求摸查，及时发布用工需求信息，鼓励企业优先招用本地农民工，引导企业采取短期有偿借工等方式，相互调剂用工余缺。支持企业开展农民工在岗培训，鼓励有条件的地区设立复工补助资金，对农民工包车、生活、培训等提供补贴，解决农民工返岗的后顾之忧。

（七）切实减轻企业资金负担。加快清理政府部门和国有企业拖欠民营企业账款，建立和完善防范拖欠长效机制，严禁政府和国有投资工程以各种方式要求企业带资承包，建设单位要按照合同约定按时足额支付工程款，避免形成新的拖欠。规范工程价款结算，政府和国有投资工程不得以审计机关的审计结论作为工程结算依据，建设单位不得以未完成决算审计为由，拒绝或拖延办理工程结算和工程款支付。严格执行工程建设领域保证金相关规定，保证金到期应当及时予以返还，未按规定或合同约定返还保证金的，保证金收取方应向企业支付逾期返还违约金。优化农民工工资保证金管理，疫情防控期间新开工的工程项目，可暂不收取农民工工资保证金。

三、加快推进产业转型，提升行业治理能力

（八）全面落实建筑工人实名制管理。所有开复工项目原则上实行封闭管理，严格按照有关规定落实建筑工人实名制，实时记录施工现场所有人员进出场信息，实行体温检测制度，严禁无关人员进入施工现场，最大限度减少施工现场人员流动。对不能实行封闭管理的工程项目，要明确施工区域，做好建筑工人实名制管理，管控人员流动。有条件的工程项目要做到作业区、办公区和生活区的相对隔离，并对施工现场划分作业区域，根据作业特点定时记录区域内人员信息。

（九）大力推进企业数字化转型。企业要加强信息化建设，更多通过线上方式布置工作、实施质量安全管理、召开会议、汇报情况、招聘队伍、采购建材和机械物资等，推进大数据、物联网、建筑信息模型（BIM）、无人机等技术应用，提高工作效率，减少人员聚集和无序流动。

（十）积极推动电子政务建设。全面推行电子招投标和异地远程评标，对非必须到现场办理的业务，一律采用线上办理。对涉及防疫防控或保障城市运行必需等特殊情况的应急工程项目，经有关部门同意可以不进行招标。大力推行施工许可线上全流程办理和电子证照，进一步简化审批流程。有条件的地区可采用"在线申报、在线审批、自行打证"模式，不再经政府办事窗口现场办理。

（十一）推动资质审批告知承诺制改革。实行资质申报、审批、公示、公告等业务的"一网通办"，鼓励采用邮寄等方式领取证书。各地可进一步扩大审批告知承诺制适用范围，减少资质申报材料，提高审批效率。

四、加强组织领导，落实监管责任

（十二）建立完善工作机制。地方各级住房和城乡建设主管部门要认真履职尽责，在做好各项疫情防控工作的同时，统筹开展房屋建筑和市政基础设施工程领域企业和工程项目开复工工作。结合地方实际，进行专题研究部署，加强与相关部门协作联动，切实采取有效措施，协调解决企业开复工遇到的实际困难和问题，最大程度减少企业负担和损失，帮助企业尽快恢复正常生产经营。

（十三）加大指导监督力度。地方各级住房和城乡建设主管部门要加强对疫情防控期间企业经营的监测分析和指导监督，落实监管职责，明确责任分工，加强对新建、改建、扩建项目开复工的监管，强化疫情防控措施落实，及时上报实施过程中存在的问题及相关建议。充分发挥行业协会作用，及时了解市场运行情况和企业诉求。加强舆论宣传引导，打造各方协力、众志成城的良好氛围，坚决打赢疫情防控的人民战争、总体战、阻击战。

中华人民共和国住房和城乡建设部办公厅

2020 年 2 月 26 日

附件2

北京市住房和城乡建设委员会关于印发《关于受新冠肺炎疫情影响工程造价和工期调整的指导意见》的通知

京建发〔2020〕55 号

各区住房城乡（市）建设委、经济技术开发区开发建设局，各有关单位：

为依法妥善处理新冠肺炎疫情对本市房屋建筑和市政基础设施开复工工程造价和工期的影响，维护发承包双方的合法权益，保障工程质量和安全，保证本市建筑市场的平稳有序，我委制定了《关于受新冠肺炎疫情影响工程造价和工期调整的指导意见》，现印发给你们，请遵照执行。

特此通知。

附件：关于受新冠肺炎疫情影响工程造价和工期调整的指导意见

关于受新冠肺炎疫情影响工程造价和工期调整的指导意见

为依法妥善处理新冠肺炎疫情对本市房屋建筑和市政基础设施开复工工程造价和工期的影响，维护发承包双方的合法权益，保障工程质量和安全，保证本市建筑市场的平稳有序，依据《住房和城乡建设部办公厅关于加强新冠肺炎疫情防控有序推动企业开复工工作的通知》（建办市〔2020〕5号），结合本市实际，现就工程造价和工期调整提出以下指导意见：

一、本指导意见所称开复工包括开工和复工，其中：开工适用于本市决定启动重大突发公共卫生事件一级响应之日前已开标或已签订合同的工程；复工适用于本市决定启动重大突发公共卫生事件一级响应之日前已经开工或者取得施工许可手续的工程。

本指导意见所称疫情防控影响和疫情影响期间均自本市决定启动重大突发公共卫生事件一级响应之日起算。

二、自本市决定启动重大突发公共卫生事件一级响应之日至《北京市住房和城乡建设委员会关于施工现场新型冠状病毒感染的肺炎疫情防控工作的通知》（京建发〔2020〕13号）第一条规定之日，工程开复工时间受疫情防控影响的实际停工期间为工期顺延期间。

发承包双方应当按照合同有关不可抗力事件的约定，确定停工期间损失费用及其相应承担方式；合同对不可抗力事件没有约定或者约定不明的，发承包双方可参照《建设工程工程量清单计价规范》（GB 50500—2013）第9.10节有关不可抗力的规定处理。

三、政府投资和其他使用国有资金投资的工程，在疫情影响期间开复工的，发承包双方应当按照下列原则协商签订补充协议：

（一）在《北京市住房和城乡建设委员会关于施工现场新型冠状病毒感染的肺炎疫情防控工作的通知》（京建发〔2020〕13号）第一条规定之日后，受疫情防控影响的停工期间，发承包双方根据实际情况，友好协商确定工期顺延期间；可顺延工期的停工期间发生的承包人损失，由发承包双方协商分担，协商不成的，可参照《建设工程工程量清单计价规范》（GB 50500—2013）第9.10节有关不可抗力的规定处理。

（二）国家和本市有关疫情防控规定导致施工降效的，发承包双方应当协商确定合理的顺延工期或顺延工期的原则。

（三）下列费用计取税金后列入工程造价，据实调整合同价款：

1. 疫情防控措施费用。受疫情防控影响期间，根据国家和本市有关疫情防控规定增加的防疫物资、现场封闭隔离防护措施、隔离劳务人员工资、通勤车辆和其他相关投入等发生的费用，发承包双方应当按照实际发生情况办理同期记录并签证，作为结算依据。

2. 人工费。受疫情影响增加的劳务工人工资，由发承包双方根据建筑工人实名登记结果、市场人工工资和疫情影响期间完成的工程量确定。发承包双方应当本着实事求是的原则，办理同期记录并签证，作为结算价差的依据。

3. 材料和机械价格。受疫情影响造成材料（设备）、施工机械等价格异常波动的，由发承包双方根据实际材料（设备）、施工机械的市场价格确定相应的价差，发承包双方应当及时进行认价、办理同期记录并签证，作为结算价差的依据。

4. 施工降效增加成本。因疫情防控措施要求导致工人和机械设备施工降效增加的费用，由发承包双方根据实际情况协商确定；协商不能达成一致的，受疫情防控措施影响的人工和机械消耗量可按照我市现行预算定额人工和机械消耗量标准的5%调增，价格由发承包双方根据相关签证确定。

5. 其他费用。包括但不限于疫情防控增加现场管理人员投入、因顺延工期发生的其他额外费用等，由发承包双方办理同期记录并签证，据实核算。

（四）根据本条第（一）项和第（三）项调增的价款列入其实际发生当期的工程进度款，及时足额支付给承包人。

四、政府投资和其他使用国有资金投资的工程，本市决定启动重大突发公共卫生事件一级响应之日前未停工且疫情影响期间持续施工的，发承包双方应参照本指导意见第三条第（二）项、第（三）项和第（四）项，协商签订补充协议。

五、发包人要求赶工的，应符合本市相关规定，发承包双方应明确赶工费用，并签订补充协议。

六、本指导意见第三条和第四条，使用非国有资金投资的工程参照执行。

七、市工程造价管理机构和区住房城乡建设部门应当积极主动作为，加强对发承包双方工程价款调整工作的指导。市工程造价管理机构应当加强生产要素市场价格和施工消耗量变化情况的监测，及时向市场主体提供工程造价信息服务。

北京市住房和城乡建设委员会

2020 年 3 月 3 日

（此件公开发布）

抄送：市发展改革委、市财政局、市审计局、市国资委。

北京市住房和城乡建设委员会办公室　2020 年 3 月 6 日印发

附件3

天津市住房城乡建设委关于做好疫情防控推动复工复产工作的实施意见

津住建政务函〔2020〕27 号

各区住建委，各有关单位：

为贯彻落实习近平总书记在统筹推进新冠肺炎疫情防控和经济社会发展工作部署会议上的重要讲话精神，按照市委市政府的有关部署，全力做好疫情防控，有序推动建设项目和住建行业复工复产，现提出支持发展的有关意见如下：

一、突出重点，狠抓建设项目开工复工

（一）全力组织重点项目工程开复工。根据市防控指挥部出台的《关于印发全市建设工地开复工疫情防控工作导则的通知》(津新冠防指〔2020〕97 号)，市住房城乡建设委组成 10 个工作小组，深入建筑工地，按照导则一项一策督促指导检查建设单位和施工总承包单位落实开复工工作。

（二）加大劳务用工输入力度。对接各省驻津办事处组织外地进津企业，有计划、分期、分批安排外地人员返津，并按照《公共交通工具消毒操作技术指南》要求，做好车辆、驾驶员等防疫防护相关工作。不能自行解决外地人员返津的单位，凡具备一定规模的返津出行需求的，由市住房城乡建设委会同市交通运输委，帮助企业落实直通车服务。鼓励各区住建部门组织本地建筑农民工队伍积极参与建设项目复工。

（三）统筹协调各类建筑材料供应。建立政府、行业协会、生产企业、建设项目协调联动机制。积极推动混凝土、建筑用钢材、玻璃门窗、墙体材料、建筑防水涂料等生产企业尽快复工复产。对接河北省畅通原料产地供应，与交管部门协调解决通行保障工作。

二、优化服务，提高政务服务审批效率

（四）推动工程建设项目"清单制＋告知承诺制"审批改革。按照减环节、压时限、降成本、强监管、保质量的原则，社会投资低风险项目从获得土地到完成不动产权登记审批时间不超过25个工作日；带方案出让土地和规划建设条件明确项目从获得土地到完成不动产权登记审批时间不超过30个工作日；既有建筑改造项目从项目备案到消防验收备案审批时间不超过15个工作日。

（五）加快防控疫情应急工程项目审批。对与疫情相关的医疗、隔离和防疫物资生产、仓储项目继续按照《市住建委关于贯彻落实津政办发〔2020〕1号文件精神全力支持疫情防控应急工程建设有关措施的函》执行。按照先开工建设，后补办手续的原则，在保障质量安全的基础上，加快建设和投入使用。

（六）完善"不见面"审批机制。疫情期间，市住房城乡建设委所有政务服务事项不要求企业携带原件进行现场核验，全面推行网上审批。个别无法网上提交申请材料的，申请人可以通过电子邮件或邮寄等方式提交。经审核后的批准文书、证书通过邮寄方式发放给申请人，不收取任何费用。

（七）部分项目取消施工图审查。新建、扩建单体建筑面积小于5000平方米(且不含地下工程)的房屋建筑工程项目、既有房屋建筑内部改造的建筑面积小于1000平方米的房屋建筑工程项目取消施工图审查。

（八）推行优化建设工程项目评标定标程序。责成招标人及招标代理机构按照开复工防疫导则做好开评标活动的防疫工作，市、区两级招标监管部门指导招标人有序开展建设工程项目招标、评标和定标活动，引导招标人依法、合理简化招投标流程，避免不必要的人员聚集。充分发挥电子招投标平台优势，疫情防控期间，现场抽取专家有困难的，可采用网上抽取、监督方式。

（九）施工许可全程网上办。建筑工程施工许可证实行在线申请和提交电子资料，依托工程建设项目联合审批管理系统，办理部门在线受理审核、核发电子建筑工程施工许可证，企业自行下载、打印使用。

（十）延长资质证书有效期。市住房城乡建设委及区有关部门负责的住建领域企业资质证书和个人执业资格证书，有效期在疫情期间届满的，自动延长至疫情结束。

（十一）简化施工、监理项目主要管理人员变更手续。施工单位项目经理、监理单位项目总监以及总监代表不能及时复工到岗的，疫情结束后仍继续履职的，可不办理变更手续，经建设单位同意后，施工单位、监理单位可临时派遣具备相应职业资格人员负责相关工作；需要变更的，施工单位、监理单位可在政务服务平台上提交相关申请，网上办理变更手续。

三、政策支持，推动建筑企业恢复生产

（十二）妥善解决疫情造成的工期延误问题。新建项目，发包方应在招标文件中充分考虑新冠肺炎疫情防控期间及后续施工工期变化情况，合理确定施工工期。在施项目，承发包双方应在原合同约定的基础上签订补充协议，重新合理确定施工工期。因疫情防控造成的工期延误，适用合同不可抗力相关条款规定。合同没有约定或约定不明的，可以《建设工程工程量清单计价规范》（GB 50500—2013）第 9.10 条不可抗力的相关规定为依据。

（十三）合理确定疫情造成的费用增加。疫情防控期间发生的费用，发承包双方参照法规、规范关于不可抗力的有关规定，订立补充合同或协议。因疫情防控增加的防疫费用，可计入工程造价；因疫情造成的人工、建材价格等成本上涨，发承包双方要加强协商沟通，按照合同约定的调价方法调整合同价款。

四、缓释压力，促进房地产业正常运行

（十四）支持房地产开发企业开展线上销售。通过天津市房地产综合信息网实时公开已办理新建商品房销售许可的新建商品房项目，增加项目情况简介、线上销售入口、剩余房源信息等内容，帮助购房群众第一时间了解房源信息。指导房地产开发企业通过微信公众号、应用程序、网站、直播、线上选房等方式在线开展商品房销售业务。

（十五）合并减少商品房预售监管资金拨付审核环节。疫情期间，将资金监管的首层室内地平标高节点的现场查勘与销售许可现场查勘合并办理，其他各节点拨付时不再对项目工程形象部位进行现场查勘。

（十六）合理分担防疫风险。疫情期间，对于疫情防控造成的企业不能履行合同约定开复工、竣工及交付使用问题，按照不可抗力相关规定执行。

要鼓励先进，对在疫情防控期间响应政府号召，贯彻落实"疫情防控和经济

社会发展双战双赢"部署，认真履行主体责任并做出实际贡献的住建领域企业单位，计入企业信用信息档案。

2020 年 2 月 28 日

（此件主动公开）

附件4

重庆市住房和城乡建设委员会关于全力做好疫情防控支持企业复产复工的通知

渝建管〔2020〕19 号

各区县（自治县）住房城乡建委，两江新区、经开区、高新区、万盛经开区、双桥经开区建设局，各有关单位：

为深入贯彻习近平总书记关于做好新型冠状病毒感染的肺炎疫情防控工作的系列重要指示批示精神和党中央、国务院决策部署，按照市委、市政府关于统筹抓好疫情防控和经济社会发展、滚动推进项目开工的工作要求，全力做好疫情防控支持企业复产复工，现就有关事项通知如下：

一、调整政务服务方式，为企业复产复工提供便利

（一）调整审批服务方式

调整市和区县工程建设项目审批服务大厅、市住房城乡建委政务服务大厅的服务方式，大力推行网上"不见面"审批，申请人登录"重庆市网上办事大厅"，搜索需要办理的事项在线申办；确需线下递交的申报材料，可采取邮寄方式向大厅交件，审批结果以邮寄方式送达。畅通咨询渠道，市、区两级大厅应保持专用咨询电话畅通，为申请人提供咨询办理，需要复产复工的企业可提前通过电话预约。

市、区县住房和城乡建设主管部门应及时向社会公开邮寄地址、大厅各窗口办理具体事项、咨询电话。

（二）延长审批申报时间

1. 企业资质。由市住房城乡建委审批的建筑施工、工程监理、工程造价咨询企业、工程质量检测机构资质有效期在疫情防控期间到期的，在疫情防控正式解除后 3 个月内仍可申请延续或重新核定。

2. 安全生产许可证。在疫情防控期间安全生产许可证有效期到期或变更超期的，在疫情防控正式解除后 3 个月内仍可申请延续或变更，不需要按照超期流程办理。

3. 二级注册建造师。有效期满后继续有效，有关延续注册工作将另行通知。

（三）顺延三类人员和特种作业人员证书有效期

对我市有效期截止日在 1 月 31 日至 7 月 31 日的《建筑施工企业安全生产知识考核合格证书》和《建筑施工特种作业操作资格证书》实施网上统一顺延 6 个月，该延期信息在"重庆市建设工程施工安全管理网"的"人员证书"查询栏中显示，不再核发纸质证书。

二、主动服务，支持项目有序复工

（四）复工前安全生产条件核查限时办结

各区县住房和城乡建设主管部门要严格按照《重庆市新型冠状病毒肺炎疫情防控工作领导小组关于印发重庆市新型肺炎疫情分区分级分类防控实施方案的通知》（渝肺炎组发〔2020〕6 号）、《重庆市安全生产委员会关于做好新型冠状病毒感染的肺炎疫情防控期间企业复产复工安全生产工作的通知》（渝安委〔2020〕4 号）等文件要求，进一步规范和简化企业复产复工安全验收程序，主动指导，靠前服务，接到报告后要在 1 个工作日内复查项目安全生产条件，确保条件合格的项目能第一时间复工。

三、落实惠企政策，减轻企业资金压力

（五）严格落实农民工工资保证金减免政策

严格落实建设单位、施工总承包企业在我市行政区域内上一年未发生拖欠减免 50%、连续两年未发生拖欠减免 60%、连续三年未发生拖欠免缴的农民工工资保证金减免政策。各区县住房和城乡建设主管部门要对本辖区的减免政策执行情况进行全面清理，对于应减未减、应免未免、应退未退的项目立即整改，按季度上报减免台账。

（六）延长农民工工资保证金告知承诺期限

对疫情防控期间新开工的项目，延长其农民工工资保证金的告知承诺期限，最迟可在 2020 年 6 月 30 日前缴纳，减少企业流动资金占用，切实减轻企业负担。

四、指导施工合同履约管理，维护发承包双方合法权益

（七）明确工期和费用调整原则

因新冠肺炎疫情导致的建设项目停工、工期延误、工程损失及费用增加的，发承包双方可根据不可抗力和情势变更相关法律规定，按照合同约定执行；合同未约定的，按照《建设工程工程量清单计价规范》（GB 50500—2013）有关规定，协商签订补充条款或补充协议调整合同价款、顺延合同工期。

（八）引导企业进行风险分担

在重庆市启动重大突发公共卫生事件一级响应后，已发出中标通知书但尚未签订合同、已签订合同但尚未实施的建设项目，发承包双方可合理考虑疫情对工程项目的影响，进一步明确风险分担原则，协商签订补充合同，切实保障建设工程的顺利实施。

（九）合理计取疫情防控和赶工费用

疫情防控期间复工的项目，承包人采取疫情防控措施发生的疫情防控物资、防控人员工资、交通费、临时设施等费用，根据项目疫情防控措施方案按实计算，发包人应及时支付疫情防控费用；项目复工后发包人要求赶工的，承包人会同发包人制定合理的赶工措施方案，明确约定赶工费用的计取，赶工费用由发包人承担。

（十）指导人工和材料价格调整

疫情防控期间，如出现人工单价、材料价格大幅波动，合同有相关调整约定的，发承包双方应按合同约定处理；合同约定不调整的，发承包双方可根据工程实际情况，重新协商确定人工、材料价格调整办法；合同中未进行约定或者约定不具体的，材料价格可按照《重庆市城乡建设委员会关于进一步加强建筑安装材料价格风险管控的指导意见》（渝建〔2018〕61号）的相关规定进行调整，人工价格参照此文件精神协商调整。

（十一）规范应急、抢险项目计价

疫情防控期间，按政府有关要求施工的应急、抢险建设项目，完成的工程量除合同有约定外，人工工日单价可参照法定节假日加班费有关规定计取，在此期间采购的材料及物资，发承包双方可根据实际采购情况及时签证并按实计算。

五、加强组织领导，实施复工项目跟踪帮扶

（十二）跟踪帮扶复工企业有序生产

各区县住房和城乡建设主管部门要加强领导，压实责任，明确职责，落实专人，及时了解企业复产复工情况，跟踪协调复工企业遇到的困难和问题，对复工项目开展一对一的定点帮扶。要加强项目开复工后的监督检查，指导帮助项目参建单位落实质量安全各项措施。及时跟踪收集并上报建设工程人工、材料等要素价格，引导项目建设有序进行。

六、发挥协会作用，宣传和推广疫情防控经验

（十三）发挥行业协会引导和宣传作用

各行业协会要发挥行业自律作用，帮助企业做好疫情防护工作，及时跟踪和反映企业状况和市场诉求。要加强对疫情防控知识的宣传教育和正面引导，指引企业制定有效的疫情防控预案，稳妥安排复产复工事宜，交流推广复工企业疫情防控经验，提高企业防控和应急处置能力。

重庆市住房和城乡建设委员会
2020 年 2 月 24 日

附件5

<h1 align="center">黑龙江省住房和城乡建设厅关于支持工程
项目建设有关措施的通知</h1>

黑建函〔2020〕31 号

各市（地）住建局、各有关单位：

为贯彻落实党中央国务院和省委省政府关于新冠肺炎疫情防控工作的部署要求，推动工程建设项目加快实施，促进新项目开工和在建项目复工，稳定建筑市场秩序，维护工程发承包双方合法权益，现将支持工程项目建设有关措施通知如下：

一、推动工程建设项目审批网上办理

（一）推行网上"不见面"审批。各地各部门要依托本地区工程建设项目审批管理系统，完善审批要件网上上传功能，实现各类电子化审批要件信息网上流转。各阶段牵头部门要通过电话、网络等方式提供预约、咨询、答复、投诉等线上服务；通过视频会商、在线征求意见等方式加强部门间沟通协调；通过审批管理系统开展网上收件、并联审批和网上出件，实现工程建设项目网上全过程审批，全面推行"不见面"审批。

（二）完善线上申报办理各项制度。各地各部门要结合本地实际，健全完善网上申报、线上办理各项配套制度，保障工程建设项目审批正常运行。要引导申报单位通过线上开展咨询、上报等业务，最大限度减少申请人前往工程建设项目审批实体窗口咨询次数。在疫情防控期间，确需到实体窗口办理的，可通过电话、线上预约等方式，避免人员聚集。要加强与邮政部门的沟通协调，确需的纸制材料和颁发的审批证照应通过邮寄寄送。

（三）做好项目审批服务保障。对涉及国家重点工程、重大项目、重要民生工程、省百大项目以及疫情防控建设项目要实行"一项目一档案"，实行专人跟踪办理，及时协调解决存在的困难问题，为项目开工创造条件。系统技术支持单位要安排专人负责审批管理系统的技术保障工作，一般性技术问题应在线咨询或解决，尽量避免面对面提供技术服务，保障工程建设项目审批正常运行。

（四）推进县（市）全覆盖。要加快推进本地区工程建设项目审批系统县（市）功能开发建设，指导所属县（市）优化审批流程，开展审批人员线上培训，确保4月底前县（市）工程建设项目审批制度改革范围内的所有项目全部纳入系统审批和管理，实现统一受理、并联审批、实时流转、跟踪督办。

二、合理做好建设项目工程价款调整

疫情防控期间开（复）工和受疫情影响推迟开（复）工的项目，发承包双方应依据法律法规及合同条款，按照不可抗力有关规定及约定合理顺延工期、合理分担费用。此次新冠肺炎不可抗力，影响我省房屋建筑与市政基础设施等工程的时间自2020年1月25日（我省决定启动重大突发公共卫生事件一级响应）起至疫情解除之日止。

（一）疫情防控期间开（复）工项目。1.工程造价中增加新冠肺炎疫情防控专项费用。疫情防控期间新开工或结转复工的项目，按照《黑龙江省住房和城乡建设厅关于新冠肺炎疫情防控期间建筑工地开（复）工有关事项的通知》（黑建函〔2020〕23号）和属地政府疫情防控要求，承包方所发生的费用（如疫情防控期间需增加的口罩、酒精、消毒水、手套、体温检测器、电动喷雾器等疫情防护材料费和疫情防护临时设施费、防护人员费用）列入"新冠肺炎疫情防控专项费"。该费用在税前工程造价中单独计列，承发包双方应按实签证，计入工程结算。2.合理调整人材机价格。受疫情影响导致建筑人工工资或材料、机械台班价格异常上涨的，承发包双方应本着实事求是的原则，及时签订补充合同，确定相应调整方法。

（二）受疫情影响推迟开（复）工项目。已完成招投标推迟开工（计划开工时间在疫情防控期间）及结转推迟复工项目，承发包双方应就工期、人材机价格调整及新冠肺炎疫情防控专项费用等内容及时签订补充合同。

（三）正履行招投标手续项目。已发出招标文件但尚未开标的工程，发包人应充分考虑疫情对工程项目可能产生的影响，及时对招标文件进行修改、补遗、完善，明确工程价款确定、支付、调整等相关合同条款。

（四）疫情防控医疗应急建设项目。疫情防控期间，施工企业按照当地政府指令紧急新建或改建疫情防控医疗应急建设项目（如新冠肺炎患者集中收治医院）的造价，合同有约定的，按合同约定执行；合同没有约定或约定不明的，发承包双方可根据工程实际情况进行签证，据实结算。

（五）确保工程价款支付。发包方应按照合同约定按时、足额支付工程款，不得以疫情影响或疫情防控为由拖欠工程款。发承包双方签证确认的新冠肺炎疫情防控专项费用，应在疫情防控期间及时、足额支付，确保开（复）工项目顺利进行。

（六）加强价格监控。各地住建部门要加强疫情防控期间人材机价格波动情况的监控工作，及时调整价格信息的采集、测算、发布频率，有异常情况要及时发布价格预警，保障疫情防控期间及疫情结束后建筑市场的稳定。

三、科学组织人员返岗开（复）工

（一）做好人员返岗组织和筛查。在疫情防控期间，有关单位对省外返岗人员要提前做好返程计划，组织返岗人员尽可能成批次到达项目所在地，施工单位要采取包车方式统一接站，点对点接到开（复）工地点。严格落实《关于印发黑龙江省有感染新型冠状病毒风险人员筛查方案的通知》（黑疫指办发〔2020〕54号）要求，认真组织返岗人员筛查。对返岗人员有发热或呼吸道症状并超过37.3度的，要采取个人申报、单位查报方式，最大限度查出有风险人员，真正做到关口前移；对未有明显症状的，要严格执行属地防疫相关要求后方可复工。

（二）严格落实开（复）工要求。各地住建部门和有关单位要严格按照《黑龙江省住房和城乡建设厅关于新冠肺炎疫情防控期间建筑工地开（复）工有关事项的通知》要求，坚决做到"七有""十必须""三到位""三严禁"，坚决做到"外防输入，内防扩散"，确保建筑工地开（复）工安全。有关部门单位要对开（复）工情况做到底数清、情况明，并按时上报有关情况。

（三）努力做好服务保障。各地住建部门要分析研判复工项目劳务用工问题，帮助企业解决可能出现的用工短缺问题；要协调做好施工现场防疫物资保障，会同有关部门拓宽渠道，协助施工单位解决开（复）工项目防疫物资不足问题；要协调卫生防疫部门对项目防疫工作开展指导培训；要协调交通部门建筑材料、施工机械运输问题，确保项目按计划开（复）工。

附件6

辽宁省住房和城乡建设厅关于支持建设工程项目疫情防控期间开复工有关政策的通知

辽住建〔2020〕12号

各市、沈抚新区住建局、审批局：

为深入贯彻落实习近平总书记重要讲话和指示精神，按照省委省政府决策部署，在做好疫情防控的前提下，支持企业稳妥有序推进房屋建筑与市政基础设施工程项目开复工，现将有关要求通知如下。

一、做好服务保障

（一）各市住建部门应为疫情防控期间建设工程项目开复工提供优质高效服务。加强疫情防控期间市场人工、材料、机械价格监测，加强对疫情防控期间工程造价的指导和服务。加强现场安全指导服务，对申请办理恢复安全生产监督手续的项目，主动靠前服务、加快现场核查，积极指导帮助企业开展隐患排查，落实现场安全管理措施。

（二）帮助建筑业企业做好防疫物资保障，主动向本地防疫指挥部汇报工程项目开复工面临的物资需求，商请有关部门拓宽渠道，帮助解决防疫物资严重不足问题。协调卫生部门对项目的防疫工作进行指导培训。协调交通部门帮助解决劳务人员和建筑材料、机械的运输问题，保证人流、物流畅通。

二、加快手续办理

（三）加快重点建设项目招投标、施工许可等环节审批速度，通过在线审批监管平台，建立绿色通道，加快推行网上审批。对涉及保障城市运行必需、疫情防控必需以及其他涉及重要国计民生的相关项目，全面推行网上投标开标，其他项目稳步推进；在办理施工许可手续时，采取视频踏勘、邮寄办理等模式，实行"告知承诺"、"容缺办理"。

（四）疫情期间，企业申报安全生产许可证业务，无需再将申报材料原件提交各市住建部门核对，只需上报电子申请材料和材料真实有效的承诺即可。安全生产许可证以及建筑施工企业主要负责人、项目负责人和专职安全生产管理人员安全生产考核合格证书过期的，可按延期办理。

三、明确双方责任

（五）新型冠状病毒感染的肺炎疫情已构成不可抗力，由此造成的损失和费用增加，合同有约定的严格按照合同执行，合同没有约定的，按《建设工程工程量清单计价规范》（GB 50500—2013）中第9.10条不可抗力规定的原则，由发承包双方分别承担。因为疫情顺延合同或终止合同的，应免除施工企业因不可抗力导致的违约责任。

四、科学调整施工工期

（六）受疫情影响不能复工或不能按合同工期完成的工程项目，允许按照《合同法》及《建设工程工程量清单计价规范》（GB 50500—2013）不可抗力的相关规定进行顺延，具体延长期限由双方协商后重新确定，并由甲乙双方签订补充协议。

五、合理分担防疫成本

（七）疫情防护费用：建设工程在疫情防控未解除期间施工的，应加强防护措施，保证人员安全，防止疫情传播，施工企业必须严格按照工程所在地政府疫情防控规定组织施工。疫情防控未解除期间所需的口罩、手套、防护服、酒精、消毒水、体温检测器等疫情防护费用，隔离措施费用，及按照工程所在地政府相关部门要求，由工程项目施工方投入的负责疫情防控措施管理和落实专职人员所需费用，由发承包双方按实签证，计入工程造价，并确保疫情防护费及时足额支付。

（八）人工、材料及机械设备价格调整：因疫情影响，导致人工、材料及机械设备价格波动，发承包双方应根据我省建设工程计价依据的相关规定，结合实际，签订疫情期间价格调整的补充协议，约定价格调整的范围、幅度等内容，作为工程造价计价调整依据。

（九）启动重大突发公共卫生事件一级响应后，已签订合同但尚未实施的工程应合理考虑疫情对工程项目的影响，发承包双方应根据实际情况，协商是否签订补充协议。已发出招标文件但尚未开标的工程，发包人应对已发生疫情影响事项和可预见疫情影响事项的各种因素，及时对招标文件进行修改、补遗、完善，发包人应明确疫情防控对工程价款确定、支付、调整等相关合同条款。

六、稳定务工人员队伍

（十）各市住建部门要专题研究解决用工短缺问题，帮助建筑业企业早做人员储备，加快办理各项手续成立新的劳务企业，组织施工企业与劳务企业对接。

本通知自印发之日起施行，有效期暂定3个月（终止时间由省住房城乡建设厅根据省疫情防控指挥部统一部署另行通知）。已完成竣工结算的工程，不适用本通知。

辽宁省住房和城乡建设厅

2020年2月19日

附件7

关于加强新冠肺炎疫情防控积极推动建设项目
开（复）工的通知

冀建质安函〔2020〕30号

各市（含定州、辛集市）住房和城乡建设局（建设局）、城市管理综合行政执法局，雄安新区管委会规划建设局：

为深入贯彻习近平总书记重要指示和党中央决策部署，落实省委、省政府持续用力做好我省新冠肺炎疫情防控和扎实深入推进经济社会持续健康发展工作安排，在严密做好疫情防控的同时，积极推进建设项目有序开（复）工，充分发挥有效投资在稳增长中的重要作用，促进全省经济社会平稳健康发展，现就有关事项通知如下：

一、扎实抓好项目开（复）工疫情防控

各级住建部门要切实履行行业监管责任，加强对本地区建设项目疫情防控工作，严格落实《河北省新型冠状病毒感染肺炎疫情防控期间建筑工地开（复）工工作指南》"六不原则"和7个条件，坚决做好施工现场人员排查、管控。除留守人员外，各工地暂不使用湖北武汉来冀务工人员，暂不使用去过湖北武汉的务工人员，暂不使用与两类人群有过密切接触的务工人员，暂不使用本地发热患者或与发热患者有过密切接触的务工人员。对申请开（复）工但不符合疫情防控要

求的建设项目，一律不得复工，切实做到达标一个，复工一个。

项目建设单位要落实首要责任，全面做好建筑工地疫情防控的组织工作，检查督促施工、监理等单位落实疫情防控责任。因疫情防控导致的建设工期延误，属于合同约定中不可抗力情形，建设单位应将合同约定的工期顺延，防止后期抢工期、赶进度造成安全生产风险。施工现场要成立建筑工地疫情防控小组，负责各项疫情防控措施落实，筹集储备足够的疫情防控物资；实行封闭式管理，做好所有进场人员登记和体温检测；做好人员排查，杜绝疫情的输入性、扩散性蔓延；做好对施工现场、办公区、食堂、宿舍、厕所、机械设备等日常消毒处理，并保持室内空气流通。

二、积极推动项目有序复工

各级住建部门要结合本地疫情防控实际，做好基础性调研，强化数据统计，按照分区分类防控要求，制定项目复工计划，有针对性、差异化地指导企业做好复工，避免"一刀切"。简化复工复核程序，及时协调解决项目复工中的困难和问题。指导企业科学编制复工方案，有计划有步骤地递增人员、递增施工量等，确保项目有序安全复工。

各级住建部门要督促重点民生工程、国有投资工程等项目建设单位、施工单位抓紧落实人员、资金、设备、建筑用材等条件，加快推动项目实质性复工开工。对政府投资和国有企业投资复工项目，业主要按月拨付工程款，解决施工单位资金困难。

三、全力做好项目开工建设审批服务

各地要依托在线审批监管平台，疫情防控期间对项目审批、核准、备案手续全面推行"网上办"、"邮寄办"等"不见面审批"模式。施工许可实行告知承诺制，建设单位按照法定条件作出书面承诺，审批机关直接作出许可。对满足疫情防控措施和安全生产条件申请开工的项目，现场踏勘可以采取视频方式，审核办理时限不超过 24 小时。

四、严格项目安全生产隐患排查

各级住建部门要督促责任主体单位按照有关标准和规范要求，对复工前施工现场重要环节、重点部位进行全面彻底检查，重点监督检查各类脚手架、起重设备等安全使用情况，以及危大工程、临时用电、消防等安全管理情况，消除安全生产隐患。要防止因疫情推迟复工后的不合理赶工期、抢进度现象，严防超定员、超强度加班带来的安全风险，严防高浓度酒精等消毒制剂以及易燃易爆品诱发火灾。

五、做好项目开（复）工保障工作

各级住建部门要指导项目建设单位、施工企业与当地疫情防控等部门做好对接，确保项目有充足的防疫物资保障。主动收集掌握建筑工地开（复）工用工需求计划，组织用工企业和当地劳务输出机构做好用人工作对接，协调交通运输等部门做好劳务人员返场复工的交通安全保障工作。建立商品混凝土、钢筋等主要建材供应调度机制，保障项目建筑材料有序、足量供应。

六、建立项目开（复）工调度督导机制

各地住建部门要建立项目开（复）工调度督导机制，工作人员要下沉一线、分片包联，主动服务，及时掌握项目开（复）工情况，定期召开调度会，协调解决项目遇到的困难和问题，积极创造条件，促进项目建设。

要对所有项目实行台账管理，建立销账制度，开（复）工一个，销账一个。要强化主体责任，加强分类指导，把项目疫情防控和服务保障各项措施落细落实，确保完成年度建设目标任务，促进全省经济社会平稳健康发展。

河北省住房和城乡建设厅

2020 年 2 月 16 日

附件8

山东省住房和城乡建设厅关于新型冠状病毒肺炎疫情防控期间建设工程计价有关事项的通知

鲁建标字〔2020〕1 号

各市住房和城乡建设局，各有关单位：

为进一步贯彻落实党中央、国务院关于新型冠状病毒疫情防控的决策部署，把省委、省政府系列工作安排抓实抓细，根据《山东省住房和城乡建设厅关于统筹做好疫情防控期间项目开复工工作的通知》（鲁建办字〔2020〕6 号）文件精神，合理降低疫情对工程建设的影响，维护建筑市场各方合法权益，现将新型冠状病毒肺炎疫情防控期间我省建设工程计价有关事项通知如下：

一、关于工期调整

受新冠肺炎疫情影响，工期应按照《建设工程工程量清单计价规范》（GB 50500—2013）第 9.10 条不可抗力的规定予以顺延。疫情防控期间未开复工的项目，顺延工期一般应从接到工程所在地管理部门停工通知之日起，至接到复工许可之日止；疫情防控期间内开复工的工程，顺延工期由工程发承包双方根据工程实际情况协商确定。合同工期内已考虑的正常春节假期不计算在顺延工期之内。

二、关于费用调整

（一）已发出招标文件但尚未开标的工程，发包人应针对各项已发生疫情影响事项和可预见疫情影响事项，及时对招标文件进行修改、补遗、完善，明确疫情防控对工程价款确定、支付调整等相关合同条款，必要时应延后开标时间。招投标双方应充分考虑因疫情影响而产生的价格波动。

（二）已发出中标通知书但尚未签订合同的工程、签订合同但尚未实施的工程，应充分考虑疫情对工程造价的影响，协商调整工程造价，并签订补充协议。

（三）在建工程因防控疫情停工产生的各项费用，按照法律法规、合同条款及《建设工程工程量清单计价规范》（GB 50500—2013）第 9.10 条不可抗力的有关规定，发承包双方应合理分担有关费用。

（四）疫情防控期间开复工的，必须严格落实防疫措施，保证人员安全，防止疫情传播。因此导致的费用变化，发承包双方应根据合同约定及下列规定，本着实事求是、风险共担的原则协商调整工程造价：

1. 疫情防控期间增加疫情防控费。疫情防控费是指疫情防控期间，施工需增加的口罩、酒精、消毒水、手套、体温检测器、电动喷雾器等疫情防护物资费用，防护人工费用，因防护造成的施工降效及落实各项防护措施所产生的其他费用，根据工地施工人员和管理人员人数，按照每人每天 40 元的标准计取，列入疫情防控专项经费中，该费用只参与计取建筑业增值税。施工单位要把一线施工工人的生命安全和人身健康放在第一位，充分利用疫情防控费，专款专用。

2. 疫情防控期间人工、材料价格发生变化，按照《山东省住房和城乡建设厅关于加强工程建设人工材料价格风险控制的意见》（鲁建标字〔2019〕21 号）有关规定调整工程造价。合同约定不调整的，疫情防控期间内适用情势变更原则，按照上述文件合理分担风险。

3.疫情防控期间要求复工及疫情防控解除后复工的工程项目，如需赶工，赶工费用宜组织专家论证后，另行计算。

三、加强对有关工作指导

各级要加强疫情防控期间市场人工、材料、机械价格监控，尽快发布疫情期间定额人工市场指导单价，加快材料价格信息发布频率，加强对疫情期间工程造价取定、调整的指导和服务，全力支持和组织推动住房城乡建设领域各类项目开复工。

本文件自印发之日起施行，有效期至疫情解除防控之日。

山东省住房和城乡建设厅

2020年2月17日

附件9

关于新型冠状病毒肺炎疫情防控期间建设
工程计价有关工作的通知（第15号）

晋建标字〔2020〕15号

各市住房城乡建设局，各有关单位：

为全面贯彻党中央国务院和省委省政府关于新冠肺炎疫情防控工作决策部署，坚决打赢疫情防控阻击战，坚持一手抓疫情防控，一手抓复工复产，按照我厅《关于做好全省建筑工地新型冠状病毒肺炎疫情防控工作的通知》（晋建质函〔2020〕126号）要求，降低疫情对工程建设的影响，发承包双方合理分担风险，严格落实疫情防控措施，现就我省新冠肺炎疫情防控期间建设工程计价有关事项通知如下：

一、新冠肺炎疫情防控为不可抗力因素，由此造成的损失和费用增加，合同有约定的，严格执行合同；合同没有约定或约定不明确的，按照《建设工程工程量清单计价规范》（GB 50500—2013）中第9.10条不可抗力相关规定执行。

（一）施工工期

1.疫情防控期间在建项目未复工，工期应予以顺延。顺延工期计算从山西省政府决定启动重大突发公共卫生事件一级响应（2020年1月25日）之日起至解除之日止。合同工期内已考虑的正常冬季停工不计算在顺延工期内。

2. 疫情防控期间在建项目已复工或已签订合同未开工，建设工程合同双方应结合实际合理确定顺延工期。

（二）费用调整

1. 疫情防控期间在建项目已复工，施工时必须按照工程所在地政府疫情防控规定组织施工，严格防护措施，保证人员安全，防止疫情传播，在工程造价中单列疫情防控专项经费。因此发生的疫情防护措施费以及人工单价、材料价格和机械台班价格变化等导致工程价款的变化，发承包双方应另行签订补充协议。

疫情防控专项经费是指疫情防控期间，施工需增加的口罩、酒精、消毒水、手套、体温检测器、电动喷雾器等疫情防护物资费用，防护人工费用，因防护造成的施工降效及落实各项防护措施所产生的其他费用。疫情防控专项经费根据工地施工人员和管理人员人数，依照我省关于疫情防控分区和分级有关规定，按以下标准计取：

低风险区每人每天30元，中风险区每人每天35元，较高风险区每人每天40元，高风险每人每天50元。该费用只计取税金。

因发包方提出复工要求的，承包方人员复工返岗时，所发生的交通费、差旅费，及抵达工地后按规定采取隔离措施而发生的费用，应以实结算。

2. 疫情防控期间在建项目未复工或已签订合同未开工，应充分考虑疫情对工程项目的影响，尊重实际情况，协商签订补充合同。

3. 疫情防控期间要求复工及疫情防控解除后复工的项目，如需赶工，应明确赶工措施费用的计算方法。

二、各级住房城乡建设部门应强化建筑材料价格信息的管理工作。密切关注建筑市场材料价格变化，加强材料价格信息的采集、测算及发布工作，为工程造价的合理确定和有效控制提供支撑。

山西省住房和城乡建设厅

2020年2月20日

附件10

山西省住房和城乡建设厅
关于新型冠状病毒肺炎疫情
防控期间建设工程计价有关工作的
补充通知（第20号）

晋建标字〔2020〕20号

各市住房城乡建设局，各有关单位：

根据省委省政府关于山西省突发公共卫生事件应急响应级别由一级调整为二级的决定，按照《山西省科学防治精准施策分区分级做好新冠肺炎疫情防控工作实施方案》疫情防控分区和分级有关规定，对我厅《关于新型冠状病毒肺炎疫情防控期间建设工程计价有关工作的通知》（晋建标〔2020〕15号）有关内容进行调整。现补充通知如下：

一、关于施工工期

疫情防控期间未复工在建项目，顺延工期时间计算的终止日明确为疫情防控期结束之日（届时按照有关通知执行）。

二、关于风险等级种类以及取费标准

根据我省新冠肺炎疫情防控风险分为低、中、高3个等级的实际，疫情防控专项经费由原按照4个风险等级计取调整为按照低风险区、中风险区、高风险区3个等级计取，费用标准执行原规定。原规定的"较高风险区每人每天40元"予以取消。

山西省住房和城乡建设厅

2020 年 2 月 26 日

附件11

<h1 style="text-align:center">关于新型冠状病毒肺炎疫情防控期间建设
工程计价有关的通知</h1>

陕建发〔2020〕34 号

各设区市住房和城乡建设局，杨凌示范区住房和城乡建设局，西咸新区规划建设局，韩城市住房城乡建设局，神木市、府谷县住房城乡建设局，各有关单位：

为全面贯彻落实国务院、省政府关于新型冠状病毒肺炎疫情防控工作部署要求，坚决打赢新型冠状病毒肺炎疫情防控阻击战。当前，各行各业正在依法依规有序做好疫情防控的前提下，科学有序组织推动企业复工复产，为更好维护建筑市场各方合法权益，合理降低疫情对工程建设带来的影响，结合我省具体实际，现将新型冠状病毒肺炎疫情防控期间我省建设工程计价有关事项通知如下：

一、在陕西省政府决定启动重大突发公共卫生事件一级响应期间施工的房屋建筑与市政基础设施工程

（一）施工工期

1. 疫情防控期间未复工的项目，工期应予以顺延，顺延工期计算从陕西省政府决定启动重大突发公共卫生事件一级响应（2020 年 1 月 25 日）之日起至解除之日止。

2. 疫情防控期间复工的项目，建设工程合同双方应结合实际合理确定顺延工期。

（二）费用调整

1. 疫情防控期间未复工的项目，费用调整按照法律法规及合同条款，按照不可抗力有关规定及约定合理分担损失。

2. 疫情防控期间，建设工程确需要施工的，应加强防护措施，保证人员安全，防止疫情传播，施工企业必须严格按照工程所在地政府疫情防控规定组织施工，承发包双方根据合同约定及相关规定，本着实事求是的原则协商解决，疫情防护措施、人工材料机械等导致工程价款变化，应另行签订补充协议。

3. 疫情防控期间要求复工及疫情防控解除后复工的工程项目，如需赶工，赶工措施费用另行计算并明确赶工措施费用计算原则和方法。

4. 施工单位在使用疫情防护费用时，必须做到专款专用，认真做好一线施工人员的疫情防护保障，把防疫工作放到首位，确保施工人员的人身健康。

二、在陕西省政府决定启动重大突发公共卫生事件一级响应后未开工的房屋建筑与市政基础设施工程

1. 已发出中标通知书但尚未签订合同的工程、签订合同但尚未实施的工程应合理考虑疫情对工程项目的影响，尊重实际情况，协商签订补充合同。

2. 已发出招标文件但尚未开标的工程，发包人应对已发生疫情影响事项和可预见疫情影响事项的各种因素，及时地对招标文件进行修改、补遗、完善，明确疫情防控对工程价款确定、支付、调整等相关合同条款，必要时应延后开标时间，招投标双方应充分考虑因疫情影响而产生的价格波动。

三、各地建设主管部门应积极响应省委省政府关于新型冠状病毒肺炎疫情防控工作部署要求，加强疫情防控期间市场变化尤其是人工、材料、机械价格的监控，及时发布各类建设工程价格信息。

陕西省住房和城乡建设厅

2020 年 2 月 14 日

附件12

甘肃省住房和城乡建设厅关于新冠肺炎疫情防控期间支持住建行业企业稳定发展的实施意见

甘建发电〔2020〕10 号

各市州住建局、兰州新区城交局、甘肃矿区建设局、兰州市城管委、嘉峪关市城管局、嘉峪关市环卫总站、兰州市水务局、兰州市生态环境局，各地公积金中心、园林绿化局，各有关单位：

根据《中共甘肃省委 甘肃省人民政府关于坚决打赢新冠肺炎疫情防控阻击战促进经济持续健康发展的若干意见》，现就全力做好疫情防控，支持住建行业企业稳定发展的有关事项通知如下：

一、建筑施工企业支持意见

1. 合理顺延项目工期。疫情防控期间未复工的项目，工期应按照《建设工程工程量清单计价规范》（GB 50500—2013）（以下简称"清单规范"）有关不可抗力的规定予以顺延；疫情防控期间复工的项目，建设工程发承包双方应通过协商，合理顺延合同工期。

2. 按时足额支付工程款。疫情防控期间，建设单位应按照合同约定按时足额支付工程款，不得形成新的拖欠；建设单位应在合同约定基础上，适当增加安全文明费的拨付比例，鼓励建设单位加快工程款拨付进度，以保证疫情防控和建筑施工生产安全。

3. 及时足额调整工程造价。疫情防控期间，人工单价和材料价格受疫情影响变化幅度较大，合同中有约定调整方法的，按照合同约定执行，合同中未约定调整方法的，发承包双方应根据实际情况，及时签证按实调整，或签订补充协议重新约定；因停工造成的损失，发承包双方应按照法律法规、合同条款及"清单规范"有关规定，友好协商合理分担损失；复工的项目，防控用口罩、酒精、消毒水、手套、防护服、体温检测器、电动喷雾器等采购费应计入工程造价，在措施费中单独列项，发包单位要求提前复工的项目，由发承包双方按实签证，及时足额支付，其他情况由发承包双方协商解决；延误工期需赶工的项目，赶工补偿按"清单规范"有关规定执行。

二、市政公用企业支持意见

4. 争取市政公用企业财税政策支持。疫情防控期间，各级住房城乡建设主管部门要主动靠前服务，对市容环卫、供排水、供气、供热、污水处理、生活垃圾处置等市政公用单位，积极协调财政、税务、金融部门落实省政府有关财税金融支持政策，因疫情防控增加成本和投入的，确保相关税费足额减免；各类市政公用单位由财政供给的，要切实加强经费保障，采取市场化运作的，要按照协议足额拨付相关费用，禁止拖欠。

5. 保障市政公用行业正常运行。疫情防控期间，各级住房城乡建设主管部门要积极主动协调发改、工信、卫健、交管等部门，切实加大对市容环卫、供排水、供气、供热、污水处理、生活垃圾处置等市政公用单位的生产物资和防护物资保障力度；在确保安全的前提下，鼓励相关设施、管线养护单位采取信息化手段开展巡查，保障一线人员防控安全。

三、房地产开发和物业服务企业支持意见

6. 保持房地产市场平稳。各地要贯彻因城施策、因企施策精神，因地制宜制定房地产企业复工复产方案，未能按期开工、竣工的，疫情防控期间不计入违约期；适当增加对企业的定向支持，优化开发报批报建等相关审批流程，对受疫情影响项目延迟交付的，可适当减免违约金；对于已经领取施工许可证的项目因疫情影响建设的，相关房企可以申请跨节点拨付监管资金。

7. 争取物业服务企业优惠政策支持。各地要视疫情防控实际情况，对物业服务企业或房屋管理运营单位因疫情防控而额外产生的物资采购及人员成本支出给予适当补助，要争取将物业企业按照生活服务类标准纳入享受税收优惠政策范围。

四、项目复工复产支持意见

8. 开通绿色通道，加快办理施工许可。疫情防控期间，对涉及医疗卫生、防疫管理、隔离观察、防控物资生产等疫情防控需要实施的工程建设项目及重大民生工程，在工程质量安全保证措施到位的情况下，可先行开工建设，并及时报告工程所在地建设部门，疫情解除后再补办有关手续；对列入全省十大生态产业、脱贫攻坚项目、生态环保项目、国家和省列重点工程建设项目或经省政府确定为重大招商引资项目的市政基础设施项目及棚改安置住房项目，以告知承诺方式申请办理质量监督及施工许可，提前开工；2020 年 6 月 30 日前需开工的其他房屋和市政工程建设项目，建设单位可以选择告知承诺容缺方式办理质量监督及施工许可；施工图审查可采取数字化申报网上审查并可从事前审查延后至项目开工基础施工前审查完成交付使用即可。

9. 分类指导保障，支持项目复工复产。疫情防控期间，已经在建的涉及保障民生工程、抗击疫情支撑工程以及其他省市重大项目和安全记录良好且具备复工条件的工程建设项目，建设单位按照省住建厅《关于切实做好疫情防控积极组织房屋市政工程开工复工的工作指南》组织相关单位开展复工前安全条件自查，在疫情防控及安全保证措施到位的情况下，可先行采用承诺制方式复工；对及时开复工的棚改项目，优先纳入 2020 年棚改计划，在分配保障性安居工程财政专项资金、配套基础设施中央预算内投资和地方政府棚改专项债券时优先支持；对确因疫情防控无法开复工导致工期延误的市政公用项目、城镇老旧小区改造项目，对工期要予以合理顺延。

10. 提供便利服务，合理调整验收方式。建设单位无法把握项目是否符合竣工验收标准的，在基本具备竣工验收条件的情况下可申请验前辅导，工程质量监

督机构收到申请后应主动与建设单位对接，在 5 个工作日内辅导建设单位按照法律、法规、规范的要求开展工作；因疫情影响，建设单位难以组织五方责任主体同时赴工程现场完成质量竣工验收工作的，建设单位项目负责人可分别组织勘察、设计、施工、监理单位项目负责人在 1 周内错时赴工程现场完成工程质量竣工验收工作，并各自出具书面验收意见，验收完成后建设单位及时将书面承诺、各单位书面验收意见、工程质量竣工验收记录通过在线平台或电子邮件等方式提供给工程质量监督机构，监督机构及时核查上述资料，符合要求的，按相关法律法规要求出具工程质量监督报告，工程竣工验收日期以最后一个单位验收检查日期为准，相关资料原件由建设单位在 1 个月内向监督机构补交。

五、住房保障政策支持意见

11. 适当调整现阶段住房保障政策。各地要结合疫情防控实际，对现阶段住房保障政策进行相应调整；对因疫情影响逾期缴纳公租房租金的家庭可暂不作逾期处理，因疫情防控延误享受待遇的家庭应补发对应标准的租赁补贴；对积极参与疫情防控一线的医护、环卫、公交、物业等行业人员，申请公租房的，给予优先保障，承租公租房实物房源的，可适当减免租金，领取租赁补贴的，可适当增发租赁补贴；具备条件的地区，可适当扩大保障范围，将近期复工企业承租社会房源的职工阶段性纳入保障，发放疫情防控期间的租赁补贴。

六、政务服务支持意见

12. 加大疫情防控贡献突出企业信用激励。在疫情防控期间作出贡献的企业，经县级以上党委、政府及有关部门认定，记入企业良好信用信息，在 2020 年底前申报各级住房城乡建设部门审批的有关企业资质时以告知承诺方式办理。

13. 高效便捷开展政务服务。严格落实省住建厅《关于在防控新型冠状病毒肺炎疫情期间调整政务服务事项办理方式的通告》，实行告知承诺，全面推行网上收件、网上审批、网上出件及电子证书，疫情防控期间内到期的企业资质、个人资格有效期延续至疫情解除后一个月；所有政务服务事项进一步压缩时间加快办结。

以上支持意见限于疫情防控期间，具体时限按照省新冠肺炎疫情联防联控领导小组有关通知执行。

甘肃省住房和城乡建设厅

2020 年 2 月 17 日

附件13

甘肃省住房和城乡建设厅关于印发《甘肃省住建行业企业复工复产疫情防控指导方案》的通知

甘建发电〔2020〕11号

各市州住建局、兰州新区城交局、甘肃矿区建设局、兰州市城管委、嘉峪关市城管局、嘉峪关市环卫总站、兰州市水务局、兰州市生态环境局、各有关单位：

根据省新冠肺炎疫情联防联控领导小组《关于做好当前复工复产疫情防控工作的指导意见》，为认真做好住建行业企业复工复产和疫情防控工作，特制定《甘肃省住建行业企业复工复产疫情防控指导方案》，现予印发，请认真贯彻执行。

甘肃省住房和城乡建设厅

2020年2月19日

附件：甘肃省住建行业企业复工复产疫情防控指导方案

甘肃省住建行业企业复工复产疫情防控指导方案

为贯彻落实省委省政府关于复工复产疫情防控的决策部署，认真做好住建行业企业复工复产和疫情防控工作，按照突出重点、分类指导、分区施策、属地管理原则，制定本指导方案。

一、建筑施工方面

（一）分区分类指导开工

1. 分区域推进开工复工。按照《甘肃省新冠肺炎分级分类防控指导意见》确定的分级类型，分区域推进开工复工。低风险区，正常组织开工复工；中风险区，应在疫情防控措施到位的前提下，有序组织开工复工；高风险区，应在疫情防控形势稳定且防控条件完备后，及时组织开工复工。

2. 分类别指导开工复工。对涉及医疗卫生、防疫管理、防控物资生产等项目以及重大民生工程，可先行开工建设，并及时报告工程所在地住建部门，疫情解除后再补办有关手续；对列入全省十大生态产业项目、脱贫攻坚项目、生态环保项目、国家和省列重点工程建设项目或经省政府确定为重大招商引资的项目，以告知承诺方式申请办理施工许可，提前开工；2020 年 6 月 30 日前需开工的其他房屋和市政工程建设项目，建设单位可以采取告知承诺方式容缺办理施工许可。

（二）强化措施确保管控

1. 编制疫情防控方案，做好复工准备。开复工前，由建设单位牵头、施工单位主导，其他相关单位参与，制定工地疫情防控方案，明确防控组织体系和领导机构、责任分工、门卫值守、人员管理、防控物资购置储备配发、食堂卫生、杀菌消毒、巡查检查、应急处置、信息报送等各项制度措施，做到总公司、分公司、项目部、班组、个人逐级覆盖，工作责任落实到岗位、落实到人头，结合工程进度及施工阶段特点，可优先采取局部开工、机械施工等措施，有计划、有步骤地递增作业人员、递增施工量等措施。

2. 建立施工人员健康档案，做好动态管理。各建筑工地要优先使用本地务工人员，认真落实建筑工人实名制管理，严格管控出入工地人员，对计划入场人员摸排至少两周内来往史、人员接触史，建立人员健康档案。对来自外省疫情重点地区尚未返甘人员，通知其暂缓返回；对外省来甘返甘人员以及来自省内疫情较重地区人员，按照《甘肃省新冠肺炎分级分类防控指导意见》相关规定进行隔离；对其他已返回人员，要做好信息排查登记和日常体温监测。

3. 协调保障防疫物资供给，实行封闭管理。施工现场要做好疫情防控物资场地保障，确保体温计、防护口罩、消毒液、消杀设备、洗手池等主要防疫物资及设备设施充足到位，配置符合防疫要求的单独隔离观察宿舍，作为人员临时隔离观察及突发情况的处置场所。在工地出入口设立疫情防控岗，对进出工地人员实行全覆盖问询排查、体温检测、口罩佩戴情况检查，并登记建档，工地封闭围挡必须严密牢固，严禁无关人员或不符合疫情防控要求的人员进入工地。

4. 加强公共区域管控，做好人员管理。项目对施工区人员密集区域以及工地食堂、宿舍、办公室、垃圾存放点、厕所等生活区域采取定期清理、杀菌消毒等措施，对密闭场所要定期开窗通风，保持室内空气流通。工地食堂要确保制度健全、食材安全、炊事人员健康，坚决杜绝疾病通过餐饮渠道集中扩散传播。施工现场和生活区、办公区应分别设置口罩等医疗废弃物、生活垃圾专用收集容器，集中统一收集处理，严禁医疗废弃物与生活垃圾、建筑垃圾混合处理，同时要及时做好垃圾处理、污水处理等工作。用餐采取分餐、错时用餐、配发盒饭等方式分散分批进行，严禁宿舍"大通铺"现象，合理控制每间办公室、宿舍人数。

5. 落实应急工作机制，防止疫情扩散。当工地人员出现发热咳嗽等新冠肺炎症状时，在做好安全防护的前提下，立即就近到卫生健康部门指定定点医院发热门诊就诊，同时严格排查接触人员并采取相关隔离措施，做好隔离观察人员的生活保障服务工作，提供必要关爱帮助。对于经医疗机构确认为疑似病例或确诊病例的，工地应第一时间停工并封锁现场，配合疾病控制部门开展疫情防治，并及时报告属地住房城乡建设部门，项目经属地疾病控制部门评估合格后方可复工。

（三）调整措施给予支持

1. 疫情防控期间无法复工的项目，工期可按照《建设工程工程量清单计价规范》有关不可抗力的规定予以顺延。

2. 建设单位应按照合同约定按时足额支付工程款，鼓励加快拨付进度，适当增加安全文明费的拨付比例。

3. 人工单价和材料价格受疫情影响变化幅度较大时，合同中有约定调整方法的，按照合同约定执行，合同中未约定调整方法的，发承包双方应根据实际情况，及时签证按实调整或签订补充协议重新约定。

4. 因停工造成的损失，发承包双方应按照法律法规、合同条款及《建设工程工程量清单计价规范》有关规定，友好协商合理分担损失。

5. 防控用口罩、酒精、消毒水、手套、防护服、体温检测器、电动喷雾器等采购费应计入工程造价，在措施费中单独列项。

6. 延误工期需赶工的项目，赶工补偿按《建设工程工程量清单计价规范》有关规定执行。

二、市政公用方面

（一）强化服务保障

1. 进一步压缩用水、用气报装时间，对开工复工建设项目及有关生产企业的用水、用气报装需求，可采用容缺机制简化手续，待疫情结束后补齐相关手续。

2. 明确重点保障服务对象，对新冠肺炎定点救治医院、集中隔离观察场所、经政府认定的防疫物资生产企业等的用水、用气、用热、生活污水处理等需求，优先保障，在疫情防控期间实行"欠费不停供"措施，所欠费用不收取滞纳金。

3. 对具备开业条件逐步开业的大型商场、综超、餐饮、市场等的用水、用气、用热、生活污水处理等需求靠前服务、全力保障。

4. 结合企业逐步开业、职工陆续返岗、人流明显增大的实际，继续做好市容环卫清扫、生活垃圾无害化处置工作，对车站、广场、公厕、商场、餐饮企业等人口密集场所进行重点清扫。

（二）确保平稳运行

1. 全面做好市政公用行业安全防护。加大各类市政管线、供水厂（加压站）、换热站、燃气调压站等重点部位巡查巡检频次，发现问题及时处置，确保设施运行安全平稳。

2. 严格规范供水设施净化及消毒等制水环节操作流程。加强取水、制水和输水全流程水质检测，强化燃气气质及压力检测，做好换热站供回水温度监测，保证水、气、热等持续安全稳定供应。

3. 加强市政公用企业厂区防疫。督促各市政公用单位制定防疫工作方案，对员工进行每日测温、分类管理，加强日常防控，实行相对封闭管理。在办公区、施工区设置检测卡口，对进出人员、车辆严格检查检测，做好信息登记，严禁无关人员进入。

（三）调整措施支持

1. 积极协调财政、税务、金融部门对市容环卫、供排水、供气、供热、污水处理、生活垃圾处置等相关市政公用单位，按照省政府有关财税金融支持政策给予相关税费足额减免。

2. 切实加大对市容环卫、供排水、供气、供热、污水处理、生活垃圾处置等市政公用单位的生产物资和防护物资保障力度。

三、房产物业方面

（一）因城因企施策

1. 房地产企业和房屋租赁中介机构复工复业时，及时向当地住建部门提出复工申请并严格落实疫情防控措施，强化内部管理，对外省来甘返甘人员以及来自省内疫情较重地区人员，按照《甘肃省新冠肺炎分级分类防控指导意见》相关规定进行隔离。

2. 鼓励推行网上销售交易，暂停房地产企业和房屋租赁中介机构疫情期间举办现场促销活动。高风险区房地产企业销售要制定相关应急预案，减少人员聚集。

3. 指导督促房地产企业做好自持、经营或使用的商业、办公类物业、楼宇的消毒和卫生防疫工作，保障防疫设备和物资到位。

（二）细化物业举措

1. 物业服务企业要在复工复业期间继续实施小区封闭式管理防控措施，在保障企业工作人员自身防护的基础上，积极配合街道社区开展人员信息排查工作。

2. 加强疫情防控知识宣传，加大对电梯轿厢、门禁、门厅前室等公共设备设施和公共区域的消毒力度和频次，加强对物业服务从业人员的疫情防控，门卫、保洁等岗位人员必须佩戴口罩，身体不适的要立即停岗留观隔离。

3. 严格按照当地政府有关规定做好人员、车辆出入小区登记、测温等措施，发现体温较高的迅速报告社区采取及时就诊或居家隔离等措施，无相关依据不得阻碍、限制回甘务工人员、房屋租户等进入小区。

4. 除应急抢修外，其他物业维修工程以及业主自行装修工程一律暂停，并对应急抢修人员做好防护和登记工作。

5. 杜绝小区内人员聚集，关闭小区内棋牌室等人员密集场所，严禁在小区内开展聚集性活动。

6. 鼓励推行扫码登记等无接触技术应用。

（三）调整措施支持

1. 房地产企业未能按期开工、竣工的，疫情防控期间不计入违约期，并适当增加对企业的定向支持，简化开发报批报建等相关审批流程。

2. 积极帮助参与疫情防控的物业服务企业向当地政府争取相关税收优惠补助政策。

附件14

自治区住房和城乡建设厅关于做好疫情防控期间全区建筑施工领域开（复）工有关工作的通知

宁建（建）发〔2020〕7号

各市、县（区）住房城乡建设局，宁东管委会规划建设土地局，海兴开发区规划国土建设局，各有关单位：

为进一步加强疫情防控期间全区建筑施工领域开（复）工工作管理，确保建筑工地安全生产有序进行，根据《自治区应对新型冠状病毒感染肺炎疫情工作指挥部关于统筹做好春节后错峰返程疫情防控工作的通知》（宁疫指〔2020〕25号）和《自治区安委会办公室转发国务院安委会办公室应急管理部关于做好当前安全防范工作的通知》（宁安办〔2020〕10 号）精神，现就有关事项通知如下：

一、时间安排

2019 年 11 月 15 日至 2020 年 3 月 15 日期间为冬季施工管控期，重点保障自治区重点工程、大型公共建筑工程、保障性安居工程和列入冬施计划名单的工程复工。2020 年 3 月 15 日之后，按照各地疫情防控要求有序开（复）工，有计划组织务工人员错峰返工。

二、工作重点

（一）疫情防控方面。一是明确防控责任。建设单位为疫情防控首要责任主体，应全面做好工地疫情防控的组织、处置、协调工作，牵头建立疫情防控组织机构，明确建设、施工、监理、劳务、材料供应等相关单位的防控责任。二是编制防控方案。根据国家和自治区有关要求，制定责任分工明确、防控措施有力、实际操作性强的疫情防控工作方案和疫情处置方案。三是加强从业人员管控。疫情期间原则上使用本地从业人员。如确需外省务工人员的，填写《全区外省返宁建筑施工人员疫情防控情况统计表》（附件 2），提前 15 天向属地住建部门报备，有计划地、有组织地安排返宁，并按照属地疫情防控要求进行隔离。要建立从业人员健康档案，详细记载人员流动史、接触史、每日体温等身体状况。四是实行工地封闭管理。要强化劳务班组管理，实行网格化管理，严禁游离于班组活动和管理之外的临时人员从事作业。无关人员不得随意进入工地。五是做好保障工作。防疫物资要充足到位，应准备足够的口罩、测温计、消毒液等疾病控制用品。对工地施工现场、生活区、办公区、机械设备等定时进行消毒处理。人员就餐要满足分餐条件。要设置单独隔离观察宿舍，用于临时隔离观察人员单独生活居住。六是疫情防控成本列入工程造价。将疫情明确设定为《建设工程施工合同》和《合同法》中所列明的不可抗力。将防疫期间施工单位在对应承接项目所产生的防疫成本列为工程造价予以全额追加。七是实行工地开（复）工审批制度。疫情期间，各市、县住建部门要建立工地开（复）工报批制度，明确疫情期间开（复）工条件和标准。

（二）工程质量安全方面。一是认真落实国务院办公厅转发的住房城乡建设部关于完善质量保障体系提升建筑工程质量品质指导意见，着力解决工程质量存在的问题，提高工程质量。二是严格落实工程质量安全手册，全面推进工程质量安全标准化。三是按照《宁夏危险性较大的分部分项工程安全管理实施细则》要求，落实深沟槽深基坑、高大模板支撑体系、起重机械等危大工程管理程序。安全防护、施工现场消防安全、危化用品管理使用到位。

（三）培训教育方面。各企业、项目部要组织对企业管理人员、进场务工人员进行培训教育，培训教育不达标的不得擅自开复工。疫情防控期间，要将疫情防控列入培训内容，可采取微信群、APP、远程视频等方式进行。每日开工前，要落实班前书面交底活动。

（四）实名制管理方面。要加强智慧工地建设，全面落实建筑工人实名制管理，现场项目经理、技术负责人、质量员、安全员、施工员、总监等关键岗位人员必须在开（复）工前到岗履职，通过现场考勤系统进行打卡。

（五）工地扬尘污染治理方面。按照"六个标准化"要求，施工现场周边要设置全封闭围挡墙，出口要配置车辆冲洗装置，渣土、水泥、粉质材料要进行全覆盖，地面无裸露，主要道路要进行硬化处理，易产生灰尘工地要进行抑尘操作（湿法作业），土方、建筑垃圾转运车辆要密闭运输。

三、工作要求

（一）严格开（复）工条件。不符合疫情管控要求的、未履行基本建设程序的、质量安全标准化工地不达标的、建筑工人实名制未落实的、企业培训教育未落实的、工地扬尘治理6个标准化不达标的，一律不得开（复）工。

（二）加强疫情防控。要按照"谁用工、谁管理、谁负责"的原则，全面做好疫情防控工作。一是在工地醒目位置设置宣传栏、公告栏、电子屏幕等，大力宣传疫情防控相关知识、政策规定和工作要求。二是建设、施工、监理单位要严格落实对工地人员的进出管理，不得擅自收留区外来宁人员进入工地。未列入冬季施工计划名单的工地，除留守值班人员外，不得允许其他人员进入工地。三是认真落实《疫情期间建筑工地个人防疫"十个注意"》（附件1），按照疫情防控有关要求，工地发生确诊病例的，酌情扣除诚信分值。四是各市、县（区）住建部门要积极与属地卫生健康部门、街道（社区）、乡镇建立联防联控机制，共同对施工现场疫情防控工作进行检查指导，共享疫情防控信息，共同做好防护工作。

（三）严格监督检查。各市、县（区）住建部门要对辖区工地进行巡查，对疫情期间擅自开（复）工、擅自允许其他人员进入工地的等，进行查处通报，依法依规进行行政处罚和不良行为记录。防疫责任不落实涉嫌危害公共安全的，移交有关部门查处。自治区住房城乡建设厅将对各地开（复）工情况进行督导，相关情况进行通报。

各市、县（区）住建部门每周四下午 17 时前，要将当地开（复）工和疫情情况报自治区住房城乡建设厅建筑管理处。

全区勘察设计、招标代理、造价咨询等企业可参照执行。

附件：1. 疫情期间建筑工地个人防疫"十个注意"

　　　2. 全区外省返宁建筑施工人员疫情防控情况统计表（略）

宁夏回族自治区住房和城乡建设厅

2020 年 2 月 17 日

（此件公开发布）

疫情期间建筑工地个人防疫"十个注意"

一、口罩佩戴。金属条朝上，深色面朝外；按压金属条至紧贴鼻梁；存放时将浅色侧朝里折好；建议 4 小时更换一次，如口罩变湿或沾到分泌物也建议及时更换。

二、及时洗手。勤用流动水加洗手液清洗手掌、手背、手指缝、指甲至少 15 秒。

三、定时消毒。皮肤可使用 75% 医用酒精，酒精要远离火种、热源，封盖保存。84 消毒液稀释之后可用于房屋、家具等，避开食物和餐具。5‰高锰酸钾溶液可消毒餐具、蔬菜和水果。此外，蒸汽、煮沸也能起到杀毒作用。

四、上下班途中。佩戴口罩。尽量不乘坐公交，建议步行、骑车或乘坐私家车。

五、进入建筑工地。佩戴口罩，进行体温检测，体温大于 37.2℃时，到隔离观察宿舍进一步隔离观察 10 分钟后，若体温仍大于 37.2℃，配合项目部防疫人员采取适当防护措施及时到卫生健康部门指定的发热门诊就诊。

六、班前教育。应分散开展，宜采用广播、微信等方式开展。

七、作业区域。保持作业区域环境清洁，不随地大小便、吐痰，坚持佩戴口罩，人与人保持 1 米以上的距离，勤洗手，多饮水，适度休息。

八、公共区域。集中办公区等人员密集地方应勤开窗通风，保持室内空气流通，并每天消毒。

九、参加会议。佩戴口罩，开会人员间隔 1 米以上。减少集中开会，控制会议时间，会议时间过长时，开窗通风 1 次。会议结束后场地、家具须进行消毒。

十、食堂进餐。采用分餐进食，避免人员密集。餐厅每日消毒 1 次，餐桌椅使用后进行消毒。餐具用品须高温消毒。操作间保持清洁干燥，严禁生食和熟食用品混用。

附件15

关于印发新冠肺炎疫情防控期间
有关建设工程计价指导意见的通知

浙建站定〔2020〕5 号

各市造价管理机构，义乌市造价站：

为深入贯彻习近平总书记关于坚决打赢新冠肺炎疫情防控阻击战的重要指示精神，在浙江省住房和城乡建设厅建筑市场监管处的指导下，为确保建设工程项目顺利实施，维护发承包双方合法利益，最大程度减少疫情对建设工程造成的不良影响，根据省委、省政府《关于坚决打赢新冠肺炎疫情防控阻击战全力稳企业稳经济稳发展的若干意见》和省住房和城乡建设厅《关于全力做好疫情防控支持企业发展的通知》等文件精神，现就新冠肺炎疫情防控期间有关建设工程计价的指导意见通知如下：

一、工期调整事项

1. 合理顺延工期。发承包双方可依法适用不可抗力有关规定，妥善处理因疫情防控产生的工期延误风险，根据实际情况合理顺延工期。

二、费用调整事项

2. 疫情防控专项费用。因疫情防控期间复（开）工增加的防疫管理（宣传教育、体温检测、现场消毒、疫情排查和统计上报等）、防疫物资（口罩、护目镜、手套、体温检测器、消毒设备及材料等）等费用，经签证可在工程造价中单列疫情防控专项经费，并按照每人每天 40 元的标准计取。该费用只计取增值税。发承包双方应做好施工现场人员名单的登记和签证工作。

对于复（开）工人员按疫情防控要求需要隔离观察的，在隔离期间发生的住宿费、伙食费、管理费等由发承包双方协商合理分担。

3. 停工损失费用。受疫情影响造成承包方停工损失，应根据合同约定执行；如合同没有约定或约定不明的，双方应基于合同计价模式、风险承担范围、损失大小、采取的应急措施等因素，合理分担损失并签订补充协议。停工期间工程现场必须管理的费用由发包方承担；停工期间必要的大型施工机械停滞台班、周转材料等费用由发承包双方协商合理分担。

4. 施工降效费用。鼓励符合条件的项目抓紧复（开）工。疫情防控期间复（开）工项目完成的工作量可计取施工降效费用，该费用由发包方承担。承包方应确定施工降效的内容并编制施工降效费用预算报发包方审查。

5. 赶工措施费用。因疫情引起工期顺延，发包方要求赶工而增加的费用，依据《浙江省建设工程计价规则》（2018版）8.4.5款规定由发包方承担。承包方应配合发包方要求，及时确定赶工措施方案和相关费用预算报发包方审核。赶工措施方案和相关费用已经考虑施工降效因素的不再另行计取施工降效费用。

6. 要素价格上涨费用。因疫情防控导致人工、材料价格重大变化的，发承包双方应按合同约定的调整方式、风险幅度和风险范围执行。相应调整方式在合同中没有约定或约定不明确的，发承包双方可根据实际情况和情势变更，依据《浙江省建设工程计价规则》（2018版）5.0.5款规定"5%以内的人工和单项材料价格风险由承包方承担，超出部分由发包方承担"的原则合理分担风险，并签订补充协议。合同虽约定不调整的，考虑疫情影响，发承包双方可参照上述原则协商调整。

三、其他有关事项

7. 相关费用支付。因疫情防控增加的建设工程施工费用，经发包方确认后应与工程进度款同步支付。鼓励发承包双方协商提高工程款支付比例，可按不低于85%比例支付。

8. 合理约定计价条款。对于即将招投标或尚未签订合同的项目，发承包双方应充分考虑疫情对人工、材料、机械等计价要素和施工降效的影响，合理约定工程计价条款，避免签约后在合同履行过程中出现争议。

9. 做好造价信息服务。各市工程造价管理机构要加大人工、材料价格的采集、测算和调整频率，及时发布市场价格信息和价格预警，为合理确定和调整工程造价提供依据。

10. 开展价款结算争议调解。各市工程造价管理机构要积极开展工程价款结算争议调解工作，帮助工程参建各方依法妥善处置因疫情导致的工期延误、价格上涨等事项，及时化解工程争议和矛盾，推动建筑市场和谐稳定发展。

浙江省建设工程造价管理总站

浙江省标准设计站

2020 年 2 月 21 日

附件16

关于调整疫情防控专项费用计取标准的通知

浙建站定〔 2020 〕8 号

各市造价管理机构，义乌市造价站：

省建设厅《关于全力做好疫情防控支持企业发展的通知》（浙建办〔2020〕10 号）发布以后，对加强建筑业疫情防控和支持建筑业企业发挥了积极作用。随着我省疫情防控响应等级的调整，防疫物资供需矛盾的缓解，经报请省住房和城乡建设厅疫情防控办公室同意，对浙建办〔2020〕10 号中"疫情防控专项费用"的计取标准调整通知如下：

1. 从 2020 年 3 月 2 日至 3 月 22 日二级响应期间，疫情防控专项费用从原来的每人每天 40 元调整为每人每天 15 元。

2. 从 2020 年 3 月 23 日三级响应起，建筑工程施工项目因疫情防控产生的费用由发承包双方协商解决。

浙江省建设工程造价管理总站

浙江省标准设计站

2020 年 3 月 24 日

附件17

省住房城乡建设厅关于新冠肺炎疫情影响下房屋建筑与市政基础设施工程施工合同履约及工程价款调整的指导意见

苏建价〔2020〕20号

各设区市住房城乡建设局（建委）：

为积极有序推进房屋建筑与市政基础设施工程复工，进一步稳定建筑市场秩序，及时化解工程结算纠纷，维护工程发承包双方的合法权益，根据有关法律、法规规定，按照发承包双方合理分担风险的原则，现就新冠肺炎疫情影响下的房屋建筑与市政基础设施工程履约及工程价款调整提出如下指导意见，请各设区市结合本地具体情况贯彻实施。

一、因新冠肺炎疫情防控造成的损失和费用增加，适用合同不可抗力相关条款规定。合同没有约定或约定不明的，可以以《建设工程工程量清单计价规范》（GB 50500—2013）第9.10条不可抗力的相关规定为依据，并执行以下具体原则：

1. 因新冠肺炎疫情防控造成工程延期复工或停工的，应合理顺延工期。

2. 受新冠肺炎疫情防控影响，工程延期复工或停工期间，承包人在施工场地的施工机械设备损坏及机械停滞台班、周转材料和临时设施摊销费用增加等停工损失由承包人承担；留在施工场地的必要管理人员和保卫人员的费用由发包人承担。

3. 受新冠肺炎疫情防控影响，工程延期复工或停工所发生的工程清理、修复费用增加，由发包人承担。

4. 受新冠肺炎疫情防控影响，造成工期延误，工程复工后发包人确因特殊原因需要赶工的，必须确保工程质量和安全。赶工天数超出剩余工期10%的必须编制专项施工方案，明确相关人员、经费、机械和安全等保障措施，并经专家论证后方可实施，严禁盲目赶工期、抢进度。相应的赶工费用由发包人承担。

二、在我省自2020年1月24日24时启动突发公共卫生事件一级响应至疫情防控允许建筑施工企业复工前施工的应急建设项目，期间完成的工程量，结算人工工日单价可参照法定节假日加班费规定计取。施工合同中对新冠肺炎疫情防控期间人工费用计算有明确约定的按合同约定执行。

三、工程复工前疫情防控准备及复工后施工现场疫情防控的费用支出，包括按规定支付的隔离观察期间的工人工资，由承包人向发包人提供疫情防控方案，经发包人签证认价后，作为总价措施项目费由发包人承担。

四、对受新冠肺炎疫情影响，可能发生的人工、材料设备、机械价格的波动，发承包双方应按照合同约定的价款调整的相关条款执行。合同没有约定或约定不明的，由发承包双方根据工程实际情况签订补充协议，合理确定价格调整办法。

五、工程发承包双方在招投标和施工合同签订过程中，应增强风险防范意识，充分考虑人工、材料设备、机械费用等可能的价格波动因素，签订合理的价格风险控制条款，明确风险分担原则，切实保障建设工程的顺利实施。

六、本意见自发布之日起施行。已完成竣工结算的工程，不适用本意见。

江苏省住房和城乡建设厅

2020 年 2 月 14 日

附件18

关于应对新冠肺炎疫情防控期间支持建筑企业复工复产若干措施的通知

黔建建字〔2020〕24 号

各市（州）住房城乡建设局、贵安新区规划建设管理局，各有关单位：

为全面贯彻习近平总书记关于加强疫情防控工作重要指示，按照《省疫情防控领导小组办公室下发关于加强全省复工复产期间疫情防控工作的通知》要求，现就疫情防控期间（我省启动突发公共卫生事件一级响应直至解除）全力保障企业复工复产、加大服务力度，提出以下措施。

一、落实企业主体责任，加快推进复工复产

（一）加强组织领导。各级住房城乡建设主管部门要坚持底线思维和问题导向，落实属地组织监管责任，压实企业主体责任，对疫情防控和安全生产工作采取"零容忍"态度，筑牢红线，守住底线。要认真研究部署节后复工疫情防控和安全生产监管工作，做到细化措施、落实责任，抓实每一项部署，把好每一道关口。要按照分区分类防控要求，在确保人员安全健康的前提下有序安排复工，切实保障节后全省建筑施工疫情防控和安全生产形势稳定，实现全年工作良好开局。

（二）建立复工疫情防控管理体系。复工或新开工的建设项目，承包人应当编制新型冠状病毒肺炎防控工作方案，经发包人和现场监理单位确认后组织实施。加强复工返回人员管控，复工前应制定详细的用工计划，建档造册摸清掌握员工健康情况、返黔时间、工程量、用工人数、来源地等信息，对所有进场人员进行实名制登记。加强隔离防护设施建设，鼓励采取局部开工、部分施工、机械施工部分优先安排施工、有计划有步骤地递增人员、递增施工量等措施复工，堵住疫情防控漏洞。疫情防控期间，现场管理人员和作业人员原则上不允许外出，严格执行法定工作时间，非必须不得强行组织加班。

（三）加快复工复产。建筑工地需落实《贵州省新型冠状病毒感染的肺炎疫情防控期间房屋建筑和市政工程项目开（复）工指导手册（试行）》相关要求，复工申报应先由建设、监理、施工三方组织疫情防控自查及安全隐患排查合格，由建设单位报请属地住建部门监督机构复核批准后方可复工。

二、主动作为，做好指导服务工作

（一）主动服务，保障防疫物资。各级住房城乡建设主管部门要主动靠前服务，对重大民生工程、重要产业、市政基础设施等项目，指导建设单位牵头，严格按照疫情防控期间要求做好复工准备；房地产开发等其他项目，由企业根据当地疫情和市场实际情况自主安排复工计划，住房城乡建设行政主管部门做好指导把关。积极协助企业解决疫情防控、生活物资保障、施工原材料供应等方面的困难，为企业提供快速红外体温探测仪、消毒水、口罩等必要防疫物资，帮助企业复工复产。

（二）严格执法，加大监督检查力度。各级住房城乡建设主管部门在疫情防控期间要加大执法检查力度，统筹监督检查工作，督促企业落实安全主体责任清单、岗位清单、检查清单。对疫情防控措施不到位、风险隐患排查不彻底、安全设备设施不全、重要岗位人员不齐、安全培训不到位的项目坚决不予复工批准；存在重大问题且已复工的项目要坚决停工整改或依法查处，坚决遏制疫情扩散蔓延和重特大生产安全事故发生。省住房城乡建设厅将适时组织节后复工建筑工地疫情防控和安全生产情况督促指导。

（三）创新施工组织方式，加强现场防控。鼓励加快智慧工地建设，强化建筑工人实名制、现场视频在线监测管理，推行视频会议、视频指导及监管模式。组织对所有管理人员和一线作业人员有针对性地开展疫情防控和安全生产教育，广泛宣传疫情预防知识和各项防控措施，引导现场人员理性认识疫情、科学应对疫情，提高自我防范意识和防范能力。坚持每天定时对施工现场、办公区域、生活区域、施工设施设备进行消毒。做好现场人员上下班体温检测，对疑似病例及时报告、立即隔离，第一时间联系医院检查、治疗。

（四）落实值班值守，强化信息应急处置。各级住房城乡建设主管部门和企业要严格执行领导干部在岗带班和项目部 24 小时值班值守制度，严格落实信息日报制度。要健全完善各类突发事件和生产安全事故应急预案，强化施工安全生产应急管理，确保任何时候都能够妥善处置、应对施工安全和公共突发事件。

三、疫情防控期间合同履约

（一）新项目合同履约。鉴于疫情防控期间管制措施持续时间尚未明确，后续影响无法准确预测，将新型冠状病毒引发肺炎疫情明确为《建设工程施工合同》和《合同法》中所列明的不可抗力。对于我省即将招标或订立施工合同的工程，发承包双方在合同中应充分考虑人工、材料、机械费用等可能的变化因素，按公平和风险分担原则，明确风险内容及其范围（幅度），合理签订工程计价条款，避免签约后在合同履行阶段出现争议。

（二）既有项目合同履约。因应对新型冠状病毒引发肺炎疫情直接导致施工企业停工停产引起工期延误的，根据《合同法》及《建设工程施工合同（示范文本）》（2017）通用条款第 17.3.2 条，因不可抗力影响承包人履行合同约定的义务，已经引起或将引起工期延误的，应当顺延工期，由此造成的损失、费用增加，合同有约定的严格按照合同执行，合同没有约定的，按《建设工程工程量清单计价规范》（GB 50500—2013）中第 9.10 条不可抗力规定的原则，由发承包双方协商解决分别承担，并免除因不可抗力导致的工期延误的违约责任。合同双方根据工程实际情况及市场因素，按情势变更原则，签订补充协议，合理确定风险承担及调整办法。

（三）按时足额支付工程款。各建设单位应按照合同约定并严格贯彻落实中央和省关于清理拖欠中小企业、民营企业账款工作要求，及时足额支付工程款；鼓励具备条件的提前预支工程款。

（四）积极应对市场变化。在疫情防控期间以及疫情防控解除后一段时间内，如遇建筑材料需求增加，引起设备、材料价格大幅上涨，发承包双方应根据工程实际情况及市场因素，按《省住房城乡建设厅关于加强建设工程材料价格风险控制的指导意见》（黔建建字〔2019〕150号）有关规定执行。

四、将防疫成本计入工程价款

（一）新签合同造价。疫情防控期间，新签合同应将防疫成本计入工程价款。

（二）已执行合同价款调整。在疫情防控期间，施工单位按照经确认的新型冠状病毒肺炎防控工作方案，在对应承建项目所产生的防疫成本，由甲乙双方按实签证，计入工程价款，全额予以追加。

五、疫情防控期间建设工程招标投标工作

（一）适时依法依规调整招投标方式。依据《省发展改革委关于积极应对疫情运用大数据做好招投标工作保障经济平稳运行有关事项的通知》（黔发改法规〔2020〕127号）要求，对于疫情防控急需的应急医疗设施、隔离设施等建设项目，符合《招标投标法》第六十六条规定的，可以不进行招标，由业主采用非招标方式采购。要根据疫情防控形势变化、项目紧急程度和市场主体需求，及时动态调整工作安排，在确保安全的同时最大程度减轻对招投标等公共资源交易活动的影响。

（二）全面推行投标保证金线上缴退。推广使用保函和保证保险特别是电子保函、保险替代现金保证金，实现在线提交、在线查核。鼓励调整纸质保函提交方式，招标人在开标前不得强制要求提交纸质原件，由中标候选人在"中标候选人公示"前提交并在网上公示。鼓励招标人对简单小额项目不要求提供投标担保，对中小企业投标人免除投标担保，减轻企业负担。

（三）畅通招投标相关信息发布和接受渠道。疫情防控期间暂停开标评标活动的招标项目，有关单位要指导招标人通过发布招标文件澄清或修改公告等适当方式另行通知招投标活动时间。对招投标活动实行减少人员聚集等相关措施时，确保对所有投标人公平公正。要保证异议、投诉渠道畅通，不得借疫情防控之名实施排斥限制投标人等违法违规行为。

六、推进审批制度改革，优化项目审批方式

（一）加快线上办理。各级住建部门办理建筑施工许可和资质审批等相关手续时，要全面推广网上收件、网上审批和网上出件。对按规定确需提交纸质材料原件的，除特殊情况外，由项目单位通过在线平台或电子邮件提供电子材料后先行办理；项目单位应对提供的电子材料的真实性负责，待疫情结束后补交纸质材料原件。

（二）加快项目审批。加快重大、重点项目招投标、施工许可等环节审批速度，建立绿色通道，对涉及保障城市运行、疫情防控及其他涉及重要国计民生的相关项目，在办理施工许可手续时，坚持特事特办，实行"容缺办理"和"承诺制办理"。

（三）减轻建筑业企业资金负担。对疫情防控期间，新承揽业务的建筑业企业各类保证金执行"承诺制"，待疫情防控结束后补交。鼓励建设单位与施工企业、工程总承包企业加强互助，协商提高工程款支付比例，加快工程建设推进。

（四）企业资质人员资格有效期统一顺延。各级住房城乡建设主管部门审批的房地产开发、勘察、设计、施工、监理、造价咨询、质量检测等企业资质和有关人员资格，有效期截至日为 2020 年 1 月 1 日至 8 月 30 日期间的，有效期由系统统一按照《贵州省住房和城乡建设厅关于疫情防控期间建筑企业资质、安全生产许可证、建筑施工企业"安管人员"和特种作业人员考核继续教育、延期等事项办理的通知》（黔建建字〔2020〕18 号）文件要求顺延至 2020 年 8 月 30 日。

（联系人：温如冰；电话：0851-85360031）

贵州省住房和城乡建设厅

2020 年 2 月 18 日

附件19

关于新冠肺炎疫情引起的房屋建筑与市政基础设施工程施工合同履约及工程价款问题调整的若干指导意见

赣建价函〔2020〕2 号

各设区市、县（市、区）住房城乡建设局，南昌市城乡建设局，赣江新区城乡建设和交通局，省直相关单位：

为全面贯彻落实党中央、国务院和省委、省政府关于新冠肺炎疫情防控工作部署，积极有序地推动全省房屋建筑与市政基础设施工程施工复工复产，及时化解疫情期间施工工程计价和结算过程中的纠纷，维护工程发承包双方的合法权益。根据国家和省相关法律、法规规定，按照发承包双方合理分担风险的原则，现就全省新冠肺炎疫情影响下的房屋建筑与市政基础设施工程施工合同履约及工程价款问题调整提出如下指导意见，请各地各部门结合具体情况贯彻实施。

一、因疫情防控造成的损失和费用增加，适用合同不可抗力相关条款规定。合同没有约定或约定不明的，可以以《建设工程工程量清单计价规范》（GB 50500—2013）第 9.10 条不可抗力的相关规定为依据，并执行以下具体原则：

1. 因疫情防控造成工程延期复工或停工的，应合理顺延工期。

2. 受疫情防控影响，工程延期复工或停工期间，承包人在施工场地的施工机械设备损坏及机械停滞台班、周转材料和临时设施摊销费用增加等停工损失由承包人承担；留在施工场地的必要管理人员和保卫人员的费用由发包人承担。

3. 受疫情防控影响，工期延期复工或停工所发生的工程清理、修复费用增加，由发包人承担。

4. 受疫情防控影响，造成工期延误，工程复工后发包人确因特殊原因需要赶工的，必须确保工程质量和安全。赶工天数超出剩余工期 10% 的必须编制专项施工方案，明确相关人员、赶工经费、机械和安全等保障措施，并经专家论证后方可实施，严禁盲目赶工期、抢进度，相应的赶工费用由发包人承担。

二、在我省自 2020 年 1 月 24 日启动突发公共卫生事件一级响应至疫情防控允许建筑施工企业复工前施工的应急建设项目，期间完成的工程量，结算人工工日单价时可参照国家法定节假日加班费规定计取。

三、工程复工前疫情防控准备及复工后施工现场防控的费用（含施工需要增加的口罩、酒精、消毒水、手套、体温检测器、电动喷雾器等疫情防护物资、防护人工支出、落实现场各项防护措施所产生费用）支出，包括按规定支付的隔离观察期间的人工工资，由承包人向发包人提供疫情防控方案，经发包人签证认价后，作为工程总价措施项目费由发包人承担并列入工程造价，承包人应及时足额支付疫情防护费用。

四、对受疫情影响，可能发生的工程施工项目人工、建筑材料、机械设备价格的波动，发承包双方应按照合同约定的价款调整的相关条款执行。合同没有约定或约定不明的，建筑材料的价格可按《关于加强建设工程建筑材料价格动态管理工作的通知》（赣建办〔2008〕27 号）规定的价差范围进行调整，价格变化幅度在 10% 以内的不作调整，价格变化幅度超出 10% 的，超出部分给予调整；人工、机械设备的价格可由发承包双方根据工程实际情况协商并签订补充协议，合理确定价格调整办法。

五、各级建设行政主管部门和相关单位应积极主动作为，加强疫情防控期间建设工程人工工资、材料价格监控，加强疫情防护措施和施工企业复工复产所需费用的调查工作，及时根据实际情况调整和发布各类建设工程造价参考信息，为建筑施工企业复工复产提供优质服务。

江西省住房和城乡建设厅

2020 年 2 月 21 日

附件20

海南省住房和城乡建设厅关于新冠肺炎疫情期间
建设工程计价有关事项的通知

各市、县、自治县住房和城乡建设局、洋浦规划建设土地局、三沙市海洋国土资源规划环保局，各有关单位：

为全面贯彻落实党中央国务院、省委省政府关于新冠肺炎疫情防控工作部署要求，坚决打赢疫情防控狙击战，结合我省实际，现将新冠肺炎疫情防控期间我省建设工程计价有关事项通知如下：

一、工期调整

受新冠肺炎疫情影响，疫情防控期间未复工的项目，工期应按照《建设工程工程量清单计价规范》（GB 50500—2013）中第 9.10 条不可抗力的规定予以顺延；疫情防控期间复工的项目，建设工程合同双方应友好协商，根据实际情况合理顺延工期。

二、费用调整

（一）疫情防控期间在建、复工、未复工的项目，费用调整按照法律法规及合同条款，按照不可抗力有关规定及约定合理分担损失。

（二）疫情防控期间，在建项目及确因需要必须复工的项目，应加强防护措施，保证人员安全，防止疫情传播，并符合工程所在地政府有关规定，因此而导致工程费用变化，承发包双方应根据合同约定及有关规定，本着实事求是的原则协商解决。针对疫情防护措施、人工单价及材料价格变化等导致工程价款变化，可按以下规定另行签订补充协议。

1. 疫情防护费：疫情防护费归属于工程造价的措施项目费用中，只参与计取税金。疫情防控未解除期间，复工需增加的口罩、酒精、消毒水、手套、体温检测器、电动喷雾器等疫情防护物质费用和防护人员费用，由承发包双方按实签证，进入结算，疫情防护费应及时足额支付。

2. 人工单价：因疫情影响，建筑工人短缺，人工单价变化幅度较大，承发包双方应本着实事求是的原则，及时做好建筑工人实名登记和市场工资的调查，疫情防控期间完成的工程量，其人工费可由承发包双方签证确认并按实调整。

3. 材料价格：因疫情影响，导致材料价格重大变化，相应调整方式在合同中没有约定的，建设单位和施工企业、工程总承包企业可根据实际情况，依据《建设工程工程量清单计价规范》（GB 50500—2013）中9.8.2条规定的原则合理分担风险。

（三）疫情防控期间要求复工及疫情防控解除后复工的工程项目，如需赶工，赶工措施费另行计算并应明确赶工措施费计算原则和方法。

三、各市县建设主管部门应积极主动作为，加强疫情防控期间建设工程人工单价、材料价格监控，加强疫情防护措施费用调查，及时上报省标定站，以便更好地调整和发布各类建设工程造价信息。

海南省住房和城乡建设厅

2020 年 2 月 21 日

附件21

湖南省住房和城乡建设厅关于新冠肺炎疫情防控期间建设工程计价有关事项的通知

湘建价函〔2020〕7 号

各市州住房和城乡建设局，各有关单位：

为全面贯彻落实党中央国务院、湖南省委省政府关于新冠肺炎疫情防控工作部署要求，坚决打赢新型冠状病毒感染的肺炎疫情防控阻击战。结合我省具体情况，现将新冠肺炎疫情防控期间我省建设工程计价有关事项通知如下：

一、关于工期调整

受新冠肺炎疫情影响，疫情防控期间未复工的项目，工期应按照《建设工程工程量清单计价规范》（GB 50500—2013）第9.10不可抗力的规定予以顺延，顺延工期计算从2020年1月23日起（湖南省决定启动重大突发公共卫生事件一级响应）至解除之日止；疫情防控期间复工的项目，建设工程合同双方应友好协商，合理顺延工期。

二、关于费用调整

（一）疫情防控期间未复工的项目，费用调整按照法律法规及合同条款，按照不可抗力有关规定及约定合理分担损失。

（二）疫情防控期间，建设工程确因需要必须施工的，应加强防护措施，保证人员安全，防止疫情传播，并符合工程所在地政府有关规定，因此而导致工程费用变化，承发包双方应根据合同约定及有关规定，本着实事求是的原则协商解决。针对疫情防护措施、人工工资及材料价格变化等导致工程价款变化，可按以下规定另行签订补充协议。

1. 疫情防护费：疫情防控未解除期间，复工需增加的口罩、酒精、消毒水、手套、体温检测器、电动喷雾器等疫情防护物质费用和防护人员费用，由承发包双方按实签证，进入结算，疫情防护费应及时足额支付。

2. 人工工资：因疫情影响，建筑工人短缺，工资变化幅度较大，承发包双方应本着实事求是的原则，及时做好建筑工人实名登记和市场工资的调查，疫情防控期间完成的工程量，其人工费可由承发包双方签证确认并按实调整。

3. 材料价格：因疫情影响，导致材料价格异常波动，承发包双方应根据实际情况及时签证并按实调整。

（三）疫情防控期间要求复工及疫情防控解除后复工的工程项目，如需赶工，应明确赶工费用的计取。

三、各市州建设主管部门应积极主动作为，加强疫情防控期间建设工程人工工资、材料价格监控，加强疫情防护措施费用调查，及时调整和发布各类建设工程造价信息。

湖南省住房和城乡建设厅

2020年2月13日

附件22

云南省住房和城乡建设厅关于新冠肺炎疫情防控期间建设工程造价计价有关事项的通知

云建科函〔2020〕5号

各州、市住房和城乡建设局，各有关单位：

为全面贯彻落实党中央国务院、省委省政府关于新冠肺炎疫情防控工作部署要求，坚决打赢疫情防控阻击战。结合全省实际，现将新冠肺炎疫情防控期间，使用云南省现行工程造价计价依据的建设工程造价计价有关事项通知如下：

一、工期调整

受新冠肺炎疫情影响，疫情防控期间未复工的项目，工期应按照《合同法》第117条、118条，《建设工程工程量清单计价规范》（GB 50500—2013）第9.10不可抗力的规定予以顺延，顺延工期计算自2020年1月24日云南省启动重大突发公共卫生事件一级响应起至解除之日止；疫情防控期间复工的项目，建设工程合同双方应友好协商，合理顺延工期。

二、费用调整

（一）疫情防控期间在建项目复工、未复工的项目，费用调整按照法律法规及合同条款，参照不可抗力有关规定及约定合理分担。

（二）疫情防控期间，建设工程确需复工的，应加强防护措施，保证人员身体健康，防止疫情传播，并符合工程所在地政府有关规定。因复工导致工程费用变化，承发包双方应根据合同约定及有关规定，本着实事求是的原则协商解决。针对疫情防护措施、人工工资及材料价格变化等导致工程价款发生变化的，可按以下规定另行签订补充协议。

1. 疫情防护费：疫情防控未解除期间，复工需增加的口罩、酒精、消毒水、手套、体温检测器、电动喷雾器等疫情防护物质费用和防护人员费用，由承发包双方按实签证，进入结算，疫情防护费应及时足额支付。

2. 人工工资：因疫情影响，建筑工人短缺，工资变化幅度较大，承发包双方应本着实事求是的原则，及时做好建筑工人市场工资调查，疫情防控期间完成的工程量，其人工费可由承发包双方签证确认并按实调整。

3. 材料价格：因疫情影响，导致材料价格异常波动，承发包双方应根据实际情况及时签证并按实调整。

（三）疫情防控期间要求复工及疫情防控解除后复工的工程项目，如需赶工，应明确赶工费用的计取。

三、相关要求

各州（市）住房城乡建设行政主管部门应主动作为，加强疫情防控期间建设工程人工工资、材料价格监控和预警预报；加强疫情防护措施费用调查，及时调整和发布各类建设工程造价信息。

云南省住房和城乡建设厅

2020 年 2 月 13 日

附件23

自治区住房城乡建设厅关于新冠肺炎疫情防控
期间建设工程计价的指导意见

桂建发〔2020〕1 号

各有关单位：

为全面贯彻落实中央和自治区关于新冠肺炎疫情防控工作的部署，切实解决当前疫情防控对建设工程造价的影响，减少工程结算纠纷，维护建设各方合法权益，根据有关法律法规及工程造价相关规定，对疫情防控期间我区房屋建筑及市政基础设施工程计价提出如下指导意见。

一、关于已发中标通知书或已签订合同的工程造价。此次新冠肺炎疫情为重大突发公共卫生事件，属于不可预见、不可避免且不可克服的不可抗力事件，由此造成的损失和工程建设项目费用增加，应按照施工合同约定的不可抗力相关条款执行。施工合同未约定或约定不明的，应按照《中华人民共和国合同法》以及《建设工程工程量清单计价规范》（GB 50500—2013）第 9.10 条"不可抗力"的相关规定执行，具体如下：

（一）关于合同工期调整。

1. 因疫情防控造成工程延期复工的，发包人应将合同约定的工期顺延，并免除承包人因不可抗力导致工期延误的违约责任。工程复工后，发包人要求赶工的，应在确保工程质量和安全的前提下，由承包人提出赶工方案，经发包人和监理人确认后实施，必要时需经专家论证，严禁盲目赶工期、抢进度，相应的赶工费用由发包人承担。

2. 承包人应根据属地政府及有关部门疫情防控要求，及时向发包人及监理人提出相应顺延工期的申请报告，具体说明此次不可抗力事件对本工程建设的影响。发包人和监理人应根据承包方递交的申请报告及项目实际合理批复延长工期。

（二）关于合同价款调整。

1. 因疫情防控，工程延期复工期间已运至施工场地用于施工的材料和待安装的设备的损失（损坏），应由发包人承担。

2. 因疫情防控，工程延期复工期间承包人在施工现场的施工机械设备损坏及停工损失由承包人承担。

3. 因疫情防控，工程延期复工期间按发包人要求留在施工场地的必要管理人员和保卫人员的费用由发包人承担，承包人应保留相应的费用支出凭证，经发包人确认后作为工程价款结算依据。

4. 因疫情防控，工程延期复工所发生的工程清理、修复费用，由发包人承担。

5. 工程复工前的疫情防控准备及复工后施工现场疫情防控所发生的费用（包括按规定支付的隔离观察期间的工人工资）由发包人承担，具体由发承包双方根据实际发生的费用签证确认，列入总价措施项目费内。

6. 因发包人原因导致工期滞后，而又遭遇本次新冠肺炎疫情影响造成费用增加的，由发包人全部承担。因承包人原因导致工期滞后，而又遭遇本次新冠肺炎疫情影响造成费用增加的，由承包人全部承担。

7. 疫情防控期间及后续复工阶段，对于在建工程可能发生的人工、材料、设备价格的上涨，发承包双方应按照施工合同约定的价款调整的相关条款执行。如施工合同未约定或约定不明或在合同中明确约定不允许调整的，发承包双方可参照合同情势变更，按照"5%以内的人工和单项材料设备价格风险由承包方承担，超出部分由发包方承担"的原则签订补充协议，合理分担风险。

二、关于尚未招标或非招标尚未签订合同的工程造价。工程发承包双方在工程招投标和施工合同签订过程中，应增强风险防范意识，充分考虑人工、材料设备、机械费用等可能产生的价格波动，签订合理的价格风险控制条款，明确风险分担原则，不得采用无限风险、所有风险或类似表述规定计价中的风险内容及范围，切实保障工程建设项目顺利实施。如工程建设项目必须在疫情防控期间施工的，应在施工合同中明确"施工单位按有关规定在施工现场采取的疫情防控措施费用按实际发生另行计算，并列入总价措施项目费内"的条款内容。

三、关于应急抢建工程造价。

（一）应急抢建工程的建筑安装工程费可采用成本加酬金的方式计列。如采用现行定额规定计列，则需增列赶工措施费、施工降效费以及各类防疫费用等。

（二）采用成本加酬金方式计算工程造价的，相关费用构成计算方法、参考标准如下表所示：

成本加酬金的计算方法和参考标准

序号	费用名称	费用说明	费用标准
一	直接成本		1＋2＋3
1	人工费		1.1＋1.2＋1.3
1.1	现场生产工人人工费	按实际的人工工日数	依据当时当地各类施工人员综合工日市场价格
1.2	现场管理人员人工费	按实际的人工工日数	
1.3	现场被依法隔离人员费用	按实际隔离人员数量和工日计算	参照政府部门相关停工、停产期间工资支付相关规定执行
2	材料费	包括施工材料和防疫物资等	按照市场价或相应采购合同和发票据实计算
3	机械费		3.1＋3.2
3.1	机械台班费用	按施工方案或实际台班数	按照市场价或相应租赁合同和发票据实计算
3.2	机械进出场运输费	按实际数量及运输里程	按照市场价或相应租赁合同和发票据实计算
二	间接成本	除直接成本外发生的用于应急抢建工程的成本	按照市场价或相应合同和发票据实计算
三	酬金	（一＋二）×费率	参照国际或国内工程惯例协商
四	税金	增值税及其他税费	据实计算
五	工程造价		一＋二＋三＋四

四、各市住房城乡建设主管部门应积极主动作为，加大疫情防控期间建设工程人工工资、材料设备价格的采集、测算工作力度，缩短发布周期，及时发布市场价格信息或价格调整系数以及价格预警，为合理确定和调整工程造价提供依据。

五、本指导意见自印发之日起施行。已完成竣工结算的工程，不适用于本指导意见。

广西壮族自治区住房和城乡建设厅

2020 年 2 月 21 日

附件24

青海省住房和城乡建设厅关于新冠肺炎疫情防控期间建设工程计价有关事项的通知

青建工〔2020〕39 号

西宁市城乡建设局，海东市、各州住房和城乡建设局，各有关单位：

为深入贯彻习近平总书记关于新型冠状病毒感染的肺炎疫情的重要指示精神，全面贯彻落实党中央国务院、省委省政府关于新冠肺炎疫情防控工作部署要求，维护发承包双方的合法权益，合理降低疫情对工程建设带来的影响。结合我省具体情况，现将新冠肺炎疫情防控期间我省建设工程计价有关事项通知如下：

一、在建工程项目

（一）施工工期

对项目建设中受新冠肺炎疫情影响或疫情防控工作需要不能履行合同工期的，合同双方可依法适用不可抗力有关规定，根据实际情况进行协商，合理顺延工期。

（二）费用调整

1. 疫情防控期间未复工或工期顺延的项目，费用调整根据法律法规及合同条款，按照不可抗力有关规定及约定合理分担损失。

2. 疫情防控期间开复工的工程项目应加强防护措施，保证人员安全，防止疫情传播，施工企业必须严格按照工程所在地人民政府疫情防控有关规定组织施工，发承包双方根据合同约定及有关规定，本着实事求是的原则协商解决。因疫情影响，疫情防护措施、人工工资及材料价格变化等导致工程价款变化，可按以下规定调整合同价款或另行签订补充协议。

（1）疫情防护费：疫情防控未解除期间，工程项目开工复工后，施工企业应对疫情防控采取完善工地封闭式管理、完善人员防控及隔离、卫生消杀防护、日常监测排查等措施所产生的防疫费用，由发承包双方按实签证予以结算，列入工程造价，发包方应加快工程款支付，确保防疫专项费用及时足额支付。

（2）人工工资：因疫情影响，建筑工人短缺，工资变化幅度较大，发承包双方应本着实事求是的原则，予以调整。合同约定不调整的，发承包双方应依据工程实际情况，按情势变更原则，通过签订补充协议重新约定。

（3）材料价格：因疫情影响，导致材料价格异常波动，合同中有约定材料调整方法的，按照合同约定执行。如原合同中约定不调整或未约定材料价格调整办法，发承包双方应根据工程实际情况及市场因素，按情势变更原则，签订补充协议，或按照"5%以内材料价格风险承包方承担，超出部分发包人承担"的原则，合理确定材料价格调整办法。

3. 疫情防控期间要求复工及疫情防控解除后复工的工程项目，若发包方要求赶工，赶工措施费由发包人承担，须发承包双方另行计算并明确赶工措施费计算原则和方法。

4. 施工企业在使用疫情防护费用时，必须做到专款专用，认真做好一线施工人员的疫情防护保障，把防护工作做到首位，确保施工人员的人身健康。

二、未开工工程项目

（一）处于招标实施前的工程，在编制投资估算、设计概算、施工图预算、招标控制价时，发包方应充分考虑疫情对项目的后续影响，补充完善疫情防控费用和因疫情引发的市场价格上涨费用，并在拟定招标文件时增加疫情防控对工程价款确定、支付、调整等相关内容。

（二）已发出招标文件但尚未开标的工程，发包方应充分考虑已发生疫情影响事项和可预见疫情影响事项的各种因素，及时地对招标文件进行修改、补遗、完善，明确疫情防控对工程价款确定、支付、调整等相关内容，必要时应延后投标、开标时间，以让投标人充分考虑疫情影响因素再行报价。

（三）已发出中标通知书但尚未签订合同的工程、签订合同但尚未实施的工程应合理考虑疫情对工程项目的影响，尊重实际情况，协商调整工程价款和工期，签订补充协议。

三、其他要求

各地住房建设主管部门应积极主动作为，加强疫情防控期间建设工程人工工资、材料价格监控，及时发布各类建设工程造价信息，为合理确定和调整工程造价提供依据。

青海省住房和城乡建设厅

2020 年 2 月 19 日

附件25

关于新冠肺炎疫情防控期间建设工程计价
管理的指导意见

各市、州、直管市、神农架林区住建局，各有关单位：

为贯彻习近平总书记关于做好新型冠状病毒感染肺炎疫情防控工作的重要指示精神，落实省委省政府疫情防控部署，稳定建筑市场秩序，维护发承包双方合法权益，结合我省实际，现提出如下指导意见。

一、依据不可抗力的规定合理进行风险分担

根据我国《民法总则》和《合同法》的相关规定，并依据 2020 年 2 月 10 日全国人大常委会法工委针对疫情防控相关法律问题的解读，我省建设工程因疫情影响，建设合同约定的义务不能正常履行的，认定为不能预见、不可避免并不能克服的不可抗力。除法律另有规定外，应部分或者全部免除责任，并按照《建设工程工程量清单计价规范》（GB 50500—2013）相关规定进行风险分担。

二、合同价款调整

（一）经工程所在地政府批准，建设工程确因需要疫情防控期间必须施工的，应加强防护措施，保证人员安全，防止疫情传播。因疫情影响，导致工程费用变化的，发承包双方应根据合同约定及有关规定，本着实事求是和公平公正的原则，协商签订补充协议。

1. 人工费：疫情防控期间，建筑工人短缺，导致人工单价变化幅度较大，发承包双方应及时做好建筑工人实名登记和市场人工价格统计。疫情防控期间完成的工程量，人工费可由承发包双方签证确认，按实际上涨幅度调整，调整部分只计取增值税。

2. 材料价格：疫情防控期间，导致材料价格异常波动，发承包双方可根据实际情况签证确认，按实际上涨幅度调整，调整部分应计取增值税。

3. 疫情防控措施费：疫情防控期间，复工需增加的口罩、消毒液、防护手套、体温检测器等疫情防护物资费用和防护人员人工费用，由发承包双方按实签证，据实支付。

（二）赶工费用：疫情防控期间要求复工和疫情防控解除后复工的工程项目，如需赶工，应明确赶工费用的计取，并签订补充协议。

（三）疫情防控期间未复工的项目，合同价格调整按照法律法规及合同条款，参照不可抗力有关规定及约定合理分担损失。

三、工期调整

疫情防控期间未复工的项目，工期应按照不可抗力有关规定予以顺延，顺延工期计算从 2020 年 1 月 24 日起（湖北省决定启动重大突发公共卫生事件一级响应）至解除之日止；疫情防控期间复工的项目，发承包双方应进行协商，合理顺延工期。

四、概算调整

因疫情防控导致建设项目工程造价超过项目概算的，建设单位应按照规定调整概算。

五、疫情防控期间，应急抢险工程可采取成本加酬金的计价方式。成本计算按发承包单位、监理单位、造价跟踪审核单位所收集、审核后的人工、材料、机械台班的数量和价格计算，酬金发承包双方协商确定。施工前或施工中有约定的从其约定。

六、疫情防控期间，尚未招标或未签订合同的工程，建设单位应考虑疫情对工程项目的影响，增加疫情防控费用，调整因疫情引发的市场价格上涨费用。上涨后的总价超过概算的，建设单位应调整概算。

七、各地建设工程造价管理机构应积极主动作为，加强疫情防控期间建设工程人工、材料价格和疫情防护措施费用监测，及时准确发布和调整各类建设工程造价信息，为发承包双方合理确定工程价款提供依据。

湖北省住房和城乡建设厅

2020 年 2 月 24 日

附件26

四川省住房和城乡建设厅关于加强疫情防控积极推进建设工程项目复工的通知

各市（州）住房城乡建设行政主管部门：

为进一步贯彻落实省委省政府关于新冠肺炎疫情防控工作部署，统筹抓好疫情防控和建设工程项目复工工作，努力实现全年目标任务，促进经济社会持续健康发展。现就加强疫情防控，推进建设工程项目复工有关事项通知如下：

一、积极支持项目有序复工。各级住房城乡建设行政主管部门要结合本地疫情防控实际，按照分区分类防控要求，精准制定项目复工计划，做好项目复工组织保障。要加强对公共卫生、脱贫攻坚、重大产业、重要基础设施、重要民生工程等项目的帮扶和指导，推动项目尽早复工。住房城乡建设行政主管部门要简化复工复核要求和程序，不得擅自增加、提高复工条件，及时协调解决项目复工中的困难和问题。要引导企业科学编制复工方案，采取有计划有步骤地递增人员、递增施工量等措施复工，确保项目复工有序、规范、安全。

二、扎实抓好项目复工疫情防控。各市（州）、县（市、区）住房城乡建设行政主管部门要按照住房城乡建设厅发布的《四川省新型冠状病毒感染肺炎疫情建筑工地防控指南》要求，加强对复工项目疫情防控工作指导和监督，做到复工项目疫情防控、安全生产保障到位。要压紧压实项目复工疫情防控责任，建立项目复工疫情防控管理体系，督促复工项目备足防疫用品，严格实行实名制管理，做好工地现场人员体温监测，搞好施工现场、生活区、办公区及机械设备消毒管理，建立应急预案和信息报送制度，严防工地发生疫情。

三、依法做好项目施工合同管理。各级住房城乡建设行政主管部门要加强疫情防控期间发承包双方履行合同指导，督促双方依法适用合同中不可抗力的相关约定，按照公平原则及时处理复工履约存在的问题。

（一）工期及停工损失：对因新冠肺炎疫情导致建设工期实际延误的项目，发包人应根据实际延误情况合理顺延工期，按照合同约定合理分担承包人由此造成的停工损失。对因工期延误，发包人要求赶工的，承包人应会同发包人制定赶工措施方案，明确约定赶工费用的计取。

（二）疫情防控费：对疫情防控期间复工的项目，疫情防控措施超出现行文明施工、建筑施工现场环境和卫生标准增加的费用，主要包括疫情防控增加的人员工资、防控物资、交通费、临时设施等费用。承包人应会同发包人编制疫情防控措施方案据实计算，由发包人及时支付疫情防控措施增加的费用。

（三）人工机械费：对疫情防控期间复工的项目，如产生人工单价变化幅度较大以及原材料供应、人工与机械调配等原因造成降效时，发承包双方应本着实事求是的原则，对人工单价上涨部分及降效费用，可由发承包双方签订补充协议据实调整。

（四）材料价格：对疫情防控期间复工的项目，因疫情影响，导致材料价格异常波动，发承包双方可根据实际情况，签订补充协议据实调整。住房城乡建设行政主管部门工程造价管理机构要加强材料价格监控，及时、准确收集和发布工程造价信息，适时缩短发布周期。

四、加强项目建设用工保障。 各市（州）、县（市、区）住房城乡建设行政主管部门要主动了解复工项目用工情况、用工来源，配合人力资源社会保障、交通运输等部门加强与输出地有效对接，妥善解决返岗务工人员交通、食宿等问题。要协调有关部门为本地建筑务工人员办理《四川外出务工人员健康申报证明》，帮助尽快返岗。要为企业牵线搭桥，结合开展疫情防控农村劳动力转移就业和节后返岗服务等工作，引导建筑务工人员就近优先省内就业，切实解决项目用工问题。对持有《四川外出务工人员健康申报证明》的务工人员，不得另行设置条件限制其进入本区域务工。

五、严格项目安全生产隐患排查。 各市（州）、县（市、区）住房城乡建设行政主管部门要督促责任主体单位按照有关标准和规范要求，对复工前施工现场重要环节、重点部位进行全面彻底检查，重点监督检查各类脚手架、起重设备等安全使用情况，以及危大工程、临时用电、消防等安全管理情况，彻底消除安全生产隐患。要防止因疫情推迟复工后的不合理赶工期、抢进度现象，严防超定员、超强度加班带来的安全风险，严防高浓度酒精等消毒制剂以及易燃易爆品诱发火灾。

六、加强复工项目跟踪调度。 各市（州）、县（市、区）住房城乡建设行政主管部门要指导企业完善复工方案，建立复工项目台账，加强分类指导，交流推广疫情防控经验，把项目疫情防控和项目复工各项措施落细落实。各行业协会要发挥政府与市场的桥梁纽带作用，及时反映企业状况和市场诉求，广泛宣传疫情防控知识和各项防控措施，提高企业疫情防控能力。

四川省住房和城乡建设厅

2020 年 2 月 14 日

附件27

广东省住房和城乡建设厅关于精准施策支持建筑业企业复工复产若干措施的通知

粤建市函〔2020〕28 号

各地级以上市住房和城乡建设局，广州、深圳、佛山、惠州、东莞市交通运输局，佛山、东莞市轨道交通局，广州、深圳、珠海、东莞市水务局，清远市水利局：

为深入贯彻习近平总书记关于坚决打赢新冠病毒肺炎疫情防控的人民战争、总体战、阻击战的重要指示精神，全面落实中央关于统筹做好疫情防控和经济社会发展的决策部署，按照省委、省政府的工作安排，以及《住房和城乡建设部办公厅关于加强新冠肺炎疫情防控有序推动企业开复工工作的通知》（建办市〔2020〕5 号）、《广东省人民政府关于印发应对新型冠状病毒感染的肺炎疫情支持企业复工复产若干政策措施的通知》（粤府明电〔2020〕9 号）要求，做到疫情防控和复工复产两手抓、两不误，现就精准施策，支持建筑业企业复工复产提出如下措施，请结合本地实际认真贯彻落实。

一、积极帮扶企业解决用工问题

各地住房城乡建设主管部门要与人力资源社会保障部门密切配合，强化企业用工保障，做好农民工返岗复工点对点服务，主动联系非疫情严重地区开展定向招工，采用包车等直达运输方式有组织地减少农民工分散出行风险，并联合当地职业技术院校开展新入职员工的技能培训；开展工地用工需求摸查，及时发布用工需求信息，鼓励企业优先招用非疫情严重地区农民工，引导企业采取短期有偿借工等方式，相互调剂用工余缺。同时，推广深圳等地的工作经验，组织相关协会和社会机构开展质量安全应知应会知识的培训。

二、合理顺延工期

疫情防控导致工期延误，属于合同约定的不可抗力情形，工程工期应按照《建设工程工程量清单计价规范》（GB 50500—2013）第 9.10 条不可抗力的规定，对疫情影响的工期予以顺延。合同工期内已考虑的正常春节假期不计算在顺延工期之内。

三、协商分担防疫费用

因受疫情影响而停工期间产生的各项费用，应按照法律法规、合同条款及《建设工程工程量清单计价规范》（GB 50500—2013）第 9.10 条不可抗力的有关规定，由发承包双方合理分担。

疫情防控需增加的口罩、酒精、消毒水、手套、体温检测器、电动喷雾器等物资采购、疫情防控人工，以及被医学隔离观察的工人工资等费用，可计入工程造价，由承包人提交发包人签证认价后，由发包人承担。

四、依规调整人工、材料价格

疫情防控期间的人工和上涨幅度超过 5% 的材料价格，有合同约定的按照合同约定进行调整，没有合同约定的按《建设工程工程量清单计价规范》（GB 50500—2013）进行调整。各地级以上市工程造价管理部门要尽快采集、发布疫情防控期间人工、材料设备和机械台班等市场价格信息，准确合理反映疫情防控期间的价格变动情况，发布造价信息的周期不得大于一个季度，精准指导疫情防控期间工程价款结算。

五、全面加快工程结算进度

千方百计全面加快工程结算进度。一是严格贯彻落实中央和省关于清理拖欠中小企业民营企业账款工作要求，按照合同约定及时足额支付工程款，不得形成新的拖欠。二是国有投资工程项目务必做到工程款项"零拖欠"。三是鼓励社会投资工程的合同双方加强互助，合理分担停工损失，条件允许的，鼓励预支预付工程款。政府和国有投资工程不得以审计机关的审计结论作为结算依据，建设单位不得以未完成决算审计为由，拒绝或拖延办理工程结算和工程款支付。

六、切实减轻企业担保负担

一要大力推行工程担保，以银行保函、工程担保公司保函或工程保证保险替代保证金，推广电子保函并全面实施投标保证金线上缴退工作，减少企业资金占用。二要推进电子招投标改革，实现招标文件公开、投标文件递送、投标人信息公开、中标结果公示公告全程网上办理的目标，减少企业投标直接成本。三要对简单小额项目，鼓励招标人不要求提供投标担保，对中小企业投标人免除投标担保，切实减轻企业负担。四是优化农民工工资保证金管理，疫情防控期间新开工的工程项目，可暂不收取农民工工资保证金。

七、顺延资质资格有效期和允许临时顶岗

由省内各级住房城乡建设主管部门审批的勘察、设计、施工、监理、造价咨询、质量检测、施工图审查机构等企业、人员资质资格，有效期于 2020 年 1 月 20 日至 6 月 30 日期间届满的，统一延至 2020 年 6 月 30 日，在此期间相关证书可用于工程招标投标相关活动。对工程项目因疫情不能返岗的管理人员，允许企业安排持有相应资格证书的其他人员暂时顶岗，加快工程项目开工复工。2020 年全省工程勘察设计企业资质动态核查工作在疫情防控未结束前暂缓开展。

八、加强建筑材料供应保障

统筹推进建筑业产业链上下游协同复工，加强上下游配套企业沟通，协助企业解决集中复工可能带来的短期内原材料短缺或价格大幅上涨等问题。

九、主动协调财政资金补助支持复工复产

市、县两级住房城乡建设主管部门要牵头制定复工复产激励措施，主动协调同级财政部门制定和实施复工复产项目的补贴补助政策，对人员返岗路费、上岗前防疫费、培训费，及新进场大型机械等提供补贴补助。

十、有效落实援企政策

各地住房城乡建设主管部门要会同有关部门建立建筑业企业应对疫情专项帮扶机制，认真贯彻落实国家、省有关财税、金融、社保等支持政策，指导企业用足用好延期缴纳或减免税款、阶段性缓缴或返还社会保险费、住房公积金、减免租金、加大职工技能培训补贴等优惠政策。加快推动银企合作，鼓励商业银行对信用评定优良的企业，在授信额度、质押融资、贷款利率等方面给予支持，有效降低企业融资成本。

广东省住房和城乡建设厅

2020 年 2 月 28 日

附件28

关于统筹推进疫情防控有序推动企业
复工开工的通知

建市〔2020〕16号

各市住房城乡建设局（城乡建设局），合肥、淮南市住房保障和房产局，阜阳市房屋管理局，广德市、宿松县住房城乡建设局：

为深入贯彻习近平总书记在统筹推进新冠肺炎疫情防控和经济社会发展工作部署会议上的重要讲话精神，全面落实党中央、国务院及省委、省政府各项工作部署，抓紧抓实抓细疫情防控工作，有序组织建设行业复工复产，根据住房和城乡建设部办公厅《关于加强新冠肺炎疫情防控有序推动企业开复工工作的通知》（建办市〔2020〕5号），现就有关事项通知如下：

一、有序推进复工复产

各市、县住房城乡建设主管部门要增强"四个意识"、坚定"四个自信"、做到"两个维护"，切实提高政治站位，在地方党委和政府统一领导下，根据本地疫情防控要求，分区分级精准推进复工复产，明确各方责任主体防控职责，严格落实建设单位首要责任、施工单位主体责任和监理单位监督责任，有序推动涉及疫情防控、城市基础设施重点项目、保障性安居工程等国家重点工程、省重点建设项目、重要民生工程建设。防止开复工出现不合理赶工期、抢进度等问题，严守安全生产底线。

二、依法变更合同约定

疫情影响属于合同约定中的不可抗力情形。施工合同、商品房买卖合同约定的时限应合理顺延，顺延时间原则上自安徽省决定启动重大公共卫生事件一级响应之日起至各市、县（区）确定建设工程项目复工复产之日止，也可根据实际情况，双方协商解决。受疫情影响，导致人工、材料、工程设备、机械台班价格波动较大，且合同履行会导致显失公平时，发承包双方可按照《建设工程工程量清单计价规范》（GB 50500—2013），合理分担价格风险并签订补充协议。

三、防疫成本纳入工程造价

建筑业企业制定的疫情防控方案经建设单位、监理单位和相关行业主管部门同意后，发承包双方应及时就产生的防疫成本办理工程签证，并在工程结算中予以认定。实行工程总承包的，发包方也应对防疫成本予以认定。疫情防控期间新开工的工程项目应在工程造价的措施项目费中增列防疫成本费。

四、落实工程担保

推行投标担保、履约担保、工程质量保证担保和农民工工资支付担保，提升各类保证金的保函替代率。改进投标担保方式，鼓励招标人对简单小额项目可不要求提供投标担保。优化农民工工资保证金管理，疫情防控期间新开工的工程项目，可暂不收取农民工工资保证金。

五、按时支付工程款

完善工程款支付保障机制，约束建设单位严格按照合同约定及相关规定足额向建筑业企业支付预付款、工程进度款、人工费用和结算工程价款，杜绝新的工程款拖欠和工资拖欠。

六、帮助企业落实支持政策

各市、县住房城乡建设主管部门对参与疫情防控工作的物业服务、环卫、污水处理、垃圾处理等企业，要协调有关部门落实财政、税务、社保等相关政策；对住房城乡建设行业企业落实用工、金融等相关政策。

七、推进民生工程建设

优先保障民生，确保全年目标任务的完成。城镇棚户区改造开工建设 19.9 万套，基本建成 15.3 万套。开工建设 871 个以上老旧小区改造项目。完成农村危房改造 10951 户。新增停车位 7.5 万个。

八、强化项目审批服务

大力推行告知承诺制，全面推进"不见面"申报和审批，切实做到"随时办"。对按规定确需提交纸质材料原件的，除特殊情况外，由相关企业通过工程建设项目审批管理系统先行办理。相关企业应对提供的电子材料真实性负责，待疫情结束后补交纸质材料原件。

九、优化房屋交易方式

鼓励房地产开发企业、经纪机构通过自有平台、进驻电商等线上形式进行促销或居间代理。优化房屋网签备案系统，简化合同网签备案流程，压缩办理时间，推动不见面办理。推进住房租赁合同网上备案。

十、延续证照有效期

对省级权限范围内的住房城乡建设各类企业及其从业人员资质资格行政审批

事项，其证照在疫情防控期间有效期满的，在全省范围内继续有效，申请人可在疫情结束后 3 个月内继续按延续进行申报。

安徽省住房和城乡建设厅

2020 年 2 月 28 日

附件29

河南省住房和城乡建设厅关于新冠肺炎疫情防控期间工程计价有关事项的通知

豫建科〔2020〕63 号

各省辖市、济源示范区、省直管县（市）住房和城乡建设局、城市管理局、园林局：

为深入贯彻落实习近平总书记重要指示精神和党中央、国务院决策部署，按照省委、省政府疫情防控总体安排，加强疫情科学防控，有效推进复工复产，助力打赢疫情阻击战，根据《住房和城乡建设部办公厅关于加强新冠肺炎疫情防控有序推动企业开复工工作的通知》（建办市〔2020〕5 号）《河南省住房和城乡建设厅关于积极应对疫情推动企业复工复产的通知》（豫建办〔2020〕49 号）文件要求，结合我省实际，现就新冠肺炎疫情防控期间建设工程项目计价有关事项通知如下：

一、新冠肺炎疫情属于不可抗力。 建设工程施工合同对不可抗力有明确约定的按照合同执行；建设工程施工合同无约定的，按《建设工程工程量清单计价规范》（GB 50500—2013）不可抗力相关规定执行。

二、因新冠肺炎疫情造成不能依照合同按时履约，其工期应予以合理顺延。

三、疫情防控期间费用增加计取原则。

1. 未开工项目防疫经费。疫情防控期间未开工的项目，工地现场看护、防控监督管理等人员按 40 元 / 人 / 天增加防疫经费。

开复工项目人工费。疫情防控期间完成工程量的人工费，由发承包双方根据建筑市场实际情况，双方签证确认据实调整。

开复工期间隔离人员工资。因疫情防控确需隔离的人员工资按工程所在地最低工资标准的 1.3 倍计取。

2. 材料价格调整。根据发承包双方建设工程施工合同约定，参照《河南省住房和城乡建设厅关于加强建筑材料计价风险管控的指导意见》（豫建科〔2019〕282 号）执行。

3. 开复工后，施工企业用于疫情防控的体温检测仪器、设备、防护口罩、防护眼镜、消毒用品、日常预防药品等用品用具以及用于隔离防护的消毒室、观察室、现场医疗室、食品安全保障，垃圾分类处理和清运等费用，根据发承包双方签证，据实计取。

四、因疫情防控期间造成工程造价增加的费用计入税前工程造价并及时支付。

五、本通知未尽事宜，由发承包双方协商解决。

河南省住房和城乡建设厅

2020 年 2 月 27 日

附件30

关于应对新冠肺炎疫情影响做好我区建设工程计价有关工作的通知

新建标〔2020〕1 号

伊犁哈萨克自治州住房和城乡建设局，各地、州、市住房和城乡建设局（建设局），各有关单位：

根据自治区新冠肺炎疫情工作指挥部全面恢复正常生产生活秩序，全力以赴把疫情造成的损失补回来的部署要求，为进一步稳定我区建筑市场秩序，及时化解工程造价纠纷，维护建设各方合法权益。现结合我区实际，对新冠肺炎疫情影响下我区建设工程计价有关工作通知如下：

一、工期调整

发承包双方应按照《建设工程工程量清单计价规范》（GB 50500—2013）中关于不可抗力的规定，妥善处理因疫情影响产生的工期延误问题，根据实际情况协商合理顺延工期。

二、费用调整

1. 疫情防控期间，在建项目已施工或准备施工的，应严格按照工程所在地疫情防控有关规定，加强防护措施，保证人员安全，防止疫情传播，因此导致工程费用变化的，发承包双方应根据合同约定及有关规定，本着实事求是的原则协商解决，有关疫情防控费用、人工及材料价格变化等，可按以下原则另行签订补协议。

（1）因疫情防控增加的防疫物资费用（包括口罩、酒精、消毒水、手套、体温检测器、电动喷雾器等物品费用）、防护人员费用等，由发承包双方按实签证，在税前工程造价中单独计列。发包方应确保及时支付。

（2）因疫情影响人工、材料等价格变化导致工程价款变化的，合同中有约定调整方法的，按照合同约定执行，合同中未约定调整方法的，发承包双方应本着客观公正、实事求是的原则，及时做好市场调查测算，合理确定调整办法。

2. 因疫情影响引起工期顺延，发包人要求赶工的项目，在确保工程质量和安全的前提下，发承包双方应提前约定赶工措施费计算原则和方法。相应的赶工费由发包人承担。

3. 因疫情影响停工的项目，应在落实停工期间质量安全保障措施的前提下，依据合同约定及法律法规关于不可抗力的相关规定，合理分担损失费用。

三、发承包双方应在复工工程开工前，详细记录并确认复工前已完工程的详细形象进度（工程量）及复工日期，并经监理单位签字确认，共同做好相关技术资料和必要的影像资料等收集留存，减少工程结算纠纷。

四、已发出招标文件但尚未开标的工程，招标人应充分考虑疫情对工程项目可能产生的影响，及时对招标文件修改、补遗、完善，明确工程价款确定、支付、调整等相关招标文件条款；已发出中标通知书但尚未签订合同的工程、签订合同但尚未实施的工程，应充分考虑疫情对工程造价的影响，签订补充协议。

五、各地、州、市住房和城乡建设主管部门要对照上述内容及时做好建设工程计价管理各项工作，同时加大疫情防控期间人工、材料价格的采集、测算和调整频率，及时发布建设工程价格信息，为合理确定和调整工程造价提供参考依据。

执行中如遇问题，请及时反馈我厅。

联系人：潘多娇；联系方式：0991-8863718；

邮箱：461582396@qq.com。

新疆维吾尔自治区住房和城乡建设厅
2020 年 3 月 9 日

附件31

上海市住房和城乡建设委员会关于印发
《关于新冠肺炎疫情影响下本市建设工程
合同履行的若干指导意见》的通知

沪建法规联〔2020〕87号

各有关单位：

为指导新冠肺炎疫情影响下本市建设工程合同的履行，减轻疫情对本市建筑业相关企业生产经营带来的不良影响，现将《关于新冠肺炎疫情影响下本市建设工程合同履行的若干指导意见》印发给你们。

上海市住房和城乡建设管理委员会

二〇二〇年二月二十八日

关于新冠肺炎疫情影响下本市建设工程
合同履行的若干指导意见

为深入贯彻习近平总书记关于坚决打赢疫情防控阻击战的系列重要指示精神，全面落实统筹推进疫情防控和经济社会发展的工作部署，最大限度减轻疫情对本市建筑业相关企业生产经营带来的不良影响，针对建筑业相关企业反映集中的问题，制定以下指导意见：

一、新冠肺炎疫情属于不可抗力

我国发生新冠肺炎疫情这一突发公共卫生事件后，为保护人民群众身体健康和生命安全，政府及有关部门采取了相应疫情防控措施，根据《中华人民共和国民法总则》第一百八十条和《中华人民共和国合同法》第一百一十七条的规定，新冠肺炎疫情属于不能预见、不能避免并不能克服的不可抗力。

二、关于建设工程合同的履行

对于虽受疫情影响但建设工程合同可以履行的，双方当事人按照合同约定继续履行；对于合同能够履行而拒绝履行的，责任方应当承担违约责任。

对于受疫情影响，建设工程合同不能按约履行的，合同当事人可以根据《中华人民共和国合同法》的相关规定，以不可抗力为由提出部分免责或全部免责主张，但法律另有规定的除外。

三、关于建设工程合同工期的顺延

为控制新冠肺炎疫情，政府采取了延长春节假期并要求延迟复工的行政措施。建设工程确因疫情影响造成工期延误的，发包人与承包人应当根据合同约定予以处理；合同未约定的，双方应当根据实际情况协商将合同约定的建设工期进行合理顺延。

四、关于受疫情影响造成建设工程成本增加的处理

因疫情造成停工损失以及成本增加的，合同有约定的，按照合同约定处理；合同未约定或者约定不明确的，合同双方按照公平原则合理分担。

因疫情产生的停工期间费用，以及人工、材料和机械设备价格上涨等，导致合同履行困难的，可参照《上海市建设工程工程量清单计价应用规则》的有关规定，由双方协商签署补充协议。

因疫情防控发生的口罩、测温计、消毒物品、临时隔离用房及其他防疫设施、防控人员费等费用，可计入工程造价，在工程建设费用中单列。

因疫情防控，复（开）工人员需要隔离观察的，隔离期间所发生的费用由发包人与承包人协商合理分担。

五、关于建设工程合同履行中双方当事人的义务

建设工程合同双方当事人在不可抗力情形下，根据合同履行的诚实信用原则负有减损的义务。在疫情发生后，当事人应当积极采取措施，减少损失或防止损失的扩大，否则责任方应当对扩大的损失承担责任。

发包人不得以工期紧张为由要求或者变相要求承包人未经报备、未落实防疫措施擅自复（开）工；不得为抢工期、赶进度而压缩合理工期。发包人确需在合理工期内赶工的，应当要求承包人按规定重新编制相关施工方案，确保工程质量和安全。因赶工所发生的费用由发包人承担。

在符合不可抗力免责的事由发生后，承包人应当履行向发包人和监理人通知不可抗力发生的义务，书面说明不可抗力导致合同不能履行的情况，并应当在合同约定的期限内提供证据材料；合同未约定的，应当在合理期限内提供。

六、关于建设工程合同争议的解决

建设工程合同履行中发生争议的，双方应当按照互谅互让、共担风险、共渡难关精神，友好协商解决。协商不成的，可以向市或区建设行政管理部门申请行政调解以化解矛盾纠纷，也可以依法依约提起诉讼或者申请仲裁。

　　市和区建设行政管理部门要加强对相关企业的服务和指导，帮助企业克服困难。企业要统筹抓好防疫抗疫和履行合同恢复生产，对已复（开）工的建筑工地加强风险隐患排查，确保安全生产。

附录四

全国各省公共卫生事件应急响应情况统计表

（统计截至 2020 年 3 月 27 日）

序号	省市	公共卫生应急响应等级调整时间			
		一级响应	二级响应	三级响应	四级响应
1	北京	1 月 24 日 14 时			
2	上海	1 月 24 日	3 月 24 日零时		
3	天津	1 月 24 日 0 时			
4	重庆	1 月 24 日	3 月 11 日		
5	黑龙江	1 月 25 日	3 月 4 日		
6	吉林	1 月 25 日	2 月 26 日 15 时	2020 年 3 月 20 日 14 时	
7	辽宁	1 月 25 日		2 月 22 日 9 时	
8	内蒙古	1 月 25 日 12 时		2 月 25 日 24 时	
9	河南	1 月 25 日	3 月 19 日 0 时		
10	河北	1 月 24 日			
11	山东	1 月 24 日	3 月 8 日		
12	山西	1 月 25 日 18 时	2 月 24 日零时	3 月 10 日零时	
13	新疆	1 月 25 日	2 月 25 日 24 时	3 月 8 日	3 月 22 日零时
14	陕西	1 月 25 日		2 月 28 日 0 时	
15	甘肃	1 月 25 日 14 时		2 月 21 日 14 时	
16	宁夏	1 月 25 日 19 时	2 月 28 日 18 时		
17	青海	1 月 26 日		2 月 26 日 12 时	3 月 6 日 12 时
18	浙江	1 月 23 日	3 月 2 日	3 月 23 日	
19	江苏	1 月 25 日	2 月 24 日 24 时		
20	江西	1 月 24 日	3 月 12 日 9 时	3 月 20 日 18 时	
21	安徽	1 月 24 日	2 月 25 日 12 时	3 月 15 日 18 时	
22	福建	1 月 24 日	2 月 26 日 24 时		

续表

序号	省市	公共卫生应急响应等级调整时间			
		一级响应	二级响应	三级响应	四级响应
23	湖北	1月24日			
24	湖南	1月23日	3月10日		
25	四川	1月24日	2月26日零时		
26	广东	1月23日	2月24日9时		
27	广西	1月24日23时		2月24日20时	
28	云南	1月24日		2月24日零时	
29	贵州	1月24日20时		2月23日24时	
30	海南	1月25日		2月26日17时	
31	西藏	1月29日	3月7日		

参 考 文 献

［1］刘伊生．建设工程造价管理 全国一级造价工程师职业资格考试培训教材
（2019 年版）．北京：中国计划出版社

［2］吴佐民．建设工程造价咨询规范．北京：中国建筑工业出版社

［3］陈勇强等．FIDIC 系列合同条件解析（2017 版）．北京：中国建筑工业出版社

［4］梁鑑，陈勇强．国际工程施工索赔．北京：中国建筑工业出版社

［5］罗格．诺尔斯著，冯志祥译．合同争端及解决 10 例．北京：中国建筑工业
出版社

［6］吴佐民．工程造价术语标准．北京：中国计划出版社

［7］吴佐民，李成栋．工程造价费用构成研究．中国建设工程造价管理协会

［8］吴佐民．《建筑工程施工发包与承包计价管理办法》释义．北京：中国计划
出版社